U0581315

编审委员会

学术顾问

杜国城　全国高职高专教育土建类专业教学指导委员会秘书长　教授

季　翔　江苏建筑职业技术学院　教授

黄　维　清华大学美术学院　教授

罗　力　四川美术学院　教授

郝大鹏　四川美术学院　教授

陈　航　西南大学美术学院　教授

李　巍　四川美术学院　教授

夏镜湖　四川美术学院　教授

杨仁敏　四川美术学院　教授

余　强　四川美术学院　教授

张　雪　北京航空航天大学新媒体艺术与设计学院　教授

主编

沈渝德　四川美术学院　教授

中国建筑学会室内设计分会专家委员会委员、重庆十九分会主任委员

全国高职高专教育土建类专业教学指导委员会委员

建筑类专业指导分委员会副主任委员

编委

李　巍　四川美术学院　教授

夏镜湖　四川美术学院　教授

杨仁敏　四川美术学院　教授

沈渝德　四川美术学院　教授

刘　蔓　四川美术学院　教授

杨　敏　广州工业大学艺术设计学院　副教授

邹艳红　成都师范学院　教授

胡　虹　重庆工商大学　教授

余　鲁　重庆三峡学院美术学院　教授

文　红　重庆第二师范学院　教授

罗晓容　重庆工商大学　教授

曾　强　重庆交通大学　副教授

版式设计

Layout Design Course

教程

曾强 编著

国家一级出版社
全国百佳图书出版单位

西南师范大学出版社
XINAN SHIFAN DAXUE CHUBANSHE

图书在版编目（CIP）数据

版式设计教程/曾强编著.—重庆:西南师范大
学出版社，2006.9（2018.7重印）
　ISBN 978-7-5621-3720-7

　Ⅰ.版… Ⅱ.曾… Ⅲ.版式－设计－高等学校:
技术学校－教材　Ⅳ.TS881

　中国版本图书馆CIP数据核字(2006)第100139号

丛书策划：李远毅　　王正端

版式设计教程　曾强 编著
BANSHI SHEJI JIAOCHENG

责任编辑：王正端　　胡秀英
整体设计：沈　悦

西南师范大学出版社(出版发行)
地　　　址：重庆市北碚区天生路2号　　　　　邮政编码：400715
本社网址：http://www.xscbs.com.cn　　　　电　　话：（023）68860895
网上书店：http://xnsfdxcbs.tmall.com　　　传　　真：（023）68208984

经　　销：新华书店
制　　版：重庆海阔特数码分色彩印有限公司
印　　刷：重庆康豪彩印有限公司
开　　本：889mm×1194mm　1/16
印　　张：6
字　　数：192千字
版　　次：2006年9月 第1版
印　　次：2018年7月 第7次印刷
ISBN 978-7-5621-3720-7
定　　价：39.00元

本书如有印装质量问题，请与我社读者服务部联系更换。读者服务部电话：(023)68252507
市场营销部电话：(023)68868624　68253705

西南师范大学出版社美术分社欢迎赐稿。
　美术分社电话：(023)68254657　68254107

职业教育是现代教育的重要组成部分，是工业化和生产社会化、现代化的重要支柱。

高等职业教育的培养目标是人才培养的总原则和总方向，是开展教育教学的基本依据。人才规格是培养目标的具体化，是组织教学的客观依据，是区别于其他教育类型的本质所在。

高等职业教育与普通高等教育的主要区别在于：各自的培养目标不同，侧重点不同。职业教育以培养实用型、技能型人才为目的，培养面向生产第一线所急需的技术、管理、服务人才。

高等职业教育以能力为本位，突出对学生的能力培养，这些能力包括收集和选择信息的能力、在规划和决策中运用这些信息和知识的能力、解决问题的能力、实践能力、合作能力、适应能力等。

现代高等职业教育培养的人才应具有基础理论知识适度、技术应用能力强、知识面较宽、素质高等特点。

高等职业艺术设计教育的课程特色是由其特定的培养目标和特殊人才的规格所决定的，课程是教育活动的核心，课程内容是构成系统的要素，集中反映了高等职业艺术设计教育的特性和功能，合理的课程设置是人才规格准确定位的基础。

本艺术设计系列教材编写的指导思想从教学实际出发，以高等职业艺术设计教学大纲为基础，遵循艺术设计教学的基本规律，注重学生的学习心理，采用单元制教学的体例架构使之能有效地用于实际的教学活动，力图能贴近培养目标、贴近教学实践、贴近学生需求。

本艺术设计系列教材编写的一个重要宗旨，那就是要实用——教师能用于课堂教学，学生能照着做，课后学生愿意阅读。教学目标设置不要求过高，但吻合高等职业设计人才的培养目标，有良好的实用价值和足够的信息量。

本艺术设计系列教材的教学内容以培养一线人才的岗位技能为宗旨，充分体现培养目标。在课程设计上以职业活动的行为过程为导向，按照理论教学与实践并重、相互渗透的原则，将基础知识、专业知识合理地组合成一个专业技术知识体系。理论课教学内容根据培养应用型人才的特点，求精不求全，不过多强调高深的理论知识，做到浅而实在、学以致用；而专业必修课的教学内容覆盖了专业所需的所有理论，知识面广、综合性强，非常有利于培养"宽基础、复合型"的职业技术人才。

现代设计作为人类创造活动的一种重要形式，具有不可忽略的社会价值、经济价值、文化价值和审美价值，在当今已与国家的命运、社会的物质文明和精神文明建设密切相关。重视与推广设计产业和设计教育，成为关系到国家发展的重要任务。因此，许多经济发达国家都把发展设计产业和设计教育作为一种基本国策，放在国家发展的战略高度来把握。

近年来，国内的艺术设计教育已有很大的发展，但在学科建设上还存在许多问题。其表现在优秀的师资缺乏、教学理念落后、教学方式陈旧，缺乏完整而行之有效的教育体系和教学模式，这点在高等职业艺术设计教育上表现得尤为突出。

作为对高等职业艺术设计教育的探索，我们期望通过这套教材的策划与编写能构建一种科学合理的教学模式，开拓一种新的教学思路，规范教学活动与教学行为，以便能有效地推动教学质量的提升，同时便于有效地进行教学管理。我们也注意到艺术设计教学活动个性化的特点，在教材的设计理论阐述深度上、教学方法和组织方式上、课堂作业布置等方面给任课教师预留了一定的灵活空间。

我们认为教师在教学过程中不再主要是知识的传授者、讲解者，而是指导者、咨询者；学生不再是被动地接受，而是主动地获取。这样才能有效地培养学生的自觉性和责任心。在教学手段上，应该综合运用演示法、互动法、讨论法、调查法、练习法、读书指导法、观摩法、实习实验法及现代化电教手段，体现个体化教学，使学生的积极性得到最大限度的调动，学生的独立思考能力、创新能力均得到全面的提高。

本系列教材中表述的设计理论及观念，我们充分注重其时代性，力求有全新的视点，吻合社会发展的步伐，尽可能地吸收新理论、新思维、新观念、新方法，展现一个全新的思维空间。

本系列教材根据目前国内高等职业教育艺术设计开设课程的需求，规划了设计基础、视觉传达、环境艺术、数字媒体、服装设计五个板块，大部分课题已陆续出版。

为确保教材的整体质量，本系列教材的作者都是聘请在设计教学第一线的、有丰富教学经验的教师，学术顾问特别聘请国内具有相当知名度的教授担任，并由具有高级职称的专家教授组成的编委会共同策划编写。

本系列教材自出版以来，由于具有良好的适教性，贴近教学实践，有明确的针对性，引导性强，被国内许多高等职业院校艺术设计专业采用。

为更好地服务于艺术设计教育，此次修订主要从以下四个方面进行：

完整性：一是根据目前国内高等职业艺术设计的课程设置，完善教材欠缺的课题；二是对已出版的教材，在内容架构上有欠缺和不足的地方，进行调整和补充。

适教性：进一步强化课程的内容设计、整体架构、教学目标、实施方式及手段等方面，更加贴近教学实践，方便教学部门实施本教材，引导学生主动学习。

时代性：艺术设计教育必须与时代发展同步，具有一定的前瞻性，教材修订中及时融合一些新的设计观念、表现方法，使教材具有鲜明的时代性。

示范性：教材中的附图，不仅是对文字论述的形象佐证，而且也是学生学习借鉴的成功范例，具有良好的示范性，修订中对附图进行了大幅度的更新。

作为高等职业艺术设计教材建设的一种探索与尝试，我们期望通过这次修订能有效地提高教材的整体质量，更好地服务于我国艺术设计高等职业教育。

前言
Foreword

　　高等职业教育以就业为导向，以技术应用型人才为培养目标，担负着为国家经济高速发展输送一线高素质技术应用人才的重任。近年来，随着我国高等职业教育的发展，高职院校数量和在校生人数均有了大幅激增，已经成为我国高等教育的重要组成部分。

　　《版式设计教程》主要面向高等职业教育，遵循"以就业为导向"的原则，根据实际需求来进行课程体系设置和教材内容选取。根据教材所对应的专业，以实用为基础，以必须为尺度，为教材选取理论知识，注重和提高案例教学的比重，突出培养人才的应用能力和实际问题解决能力，满足高职高专教育"学校评价"和"社会评价"的双重教学特征。本教程的内容由"讲授"和"实训"这两个相辅相成的部分组成，"讲授"部分介绍在相应课程中学生必须掌握或了解的基础知识，每章都设有"学习目标""小结""习题"等特色段落；"实训"部分设置了一组源于实际应用的例子，用于强化学生解决实际问题的能力。

　　版式设计，作为一门实用艺术，首先应该具有实用功能，为图书、广告、型录等内容服务。然而，它又有其独具特色的表现形式，具备其特有的魅力。如同"人皆一面，各不相同"一样，版面虽都是平面表现，却应该具备形形色色、林林总总的可塑性，丰富性。

　　本教程作者结合自己对版式设计教学和实践的理解，从新的角度对版式设计及其创作手法进行了分析，并通过精心制作的案例，从创意思路、技术实现和艺术把关三个层面，对从创意到最终实现的全过程进行了全面的讲解。作者将版式设计的思想、技术和经验贯穿全书，目的是引导读者形成一种平面设计创作的思路，了解平面设计的实现方法，进一步训练创意思维和掌握平面设计的创作技巧。总之，技术与艺术的结合是本书的主导思想，设计原则到应用实践是本书的脉络，思维方式的培养和技能的训练是本书的主要目的。本书可以用作高职、高专、高等院校设计与制作专业或相关课程以及社会相关专业培训班的教材，也适用于对艺术设计感兴趣的一般人士进行自学。

　　本书是作者多年从事版式设计教学与实践的总结，把它写出来希望得到同仁和读者的指教，鼓励我继续努力、不断探索和创新。如有成功之处，那是广大同行支持的结果。在这本书中实例演示部分来自英国设计艺术家ALAN SWANN所演示的例子，还引用了一些来自于社会的作品，尽管这些作品大多没有署名，我无法知道它们出于哪些高手和大师之手，因而无法一一致谢，但我还是要凭借这个机会感谢大家的支持。没有大家的支持，本书很难与读者见面！

目录
Contents

1
2
3

一、教程基本内容设定

本教程以在版式设计基本原理指导下的设计实践来组织教学，以便更加符合高职高专教育的特点。基于此，本教程共设定了版式设计的目的及意义、基本原理、基本法则、基本要素、基本程序、视觉流程以及分别从对比与调和、对称与均衡、单纯与有序、节奏与韵律、重点与主从、空白与虚实、视点与视线、比例与尺度等章节来讲述版式设计的形式法则，并对版式设计常用的20多种经典的基本类型逐一举例讲授，还通过大量精心设置的作业练习来帮助学生领会和巩固所学知识。

二、教程的教学目标

在视觉传达设计的教学体系里，版式设计是一门特殊而关键的课程。因为它既是一门专业课程，更大程度上又是一门专业基础课程。它为以后的招贴设计、包装设计、书籍装帧设计以及一切需要通过平面来表达的设计课程打下了基础。这就决定了该课程传授的主要是关于版式设计的基本原理、设计法则和审美把握，它是一门认识课程而不是技法课程。通过这门课程的学习，一是要让学生理解版式设计的基本原则，掌握版式的设计法则；二是要培养和提高学生的审美能力，完善学生的审美结构；三是要训练学生的思维能力，开拓学生的思维意识，培养学生的创新思维品质；四是要养成学生的动手习惯，培养学生的实用技能。这就是本教程预期达到的教学目标。

Gute Fahrt　　　　　　　　　　　　　　　　Hesse Design

Der Kick des Jahres　　　　　　　　　　　　Hesse Design

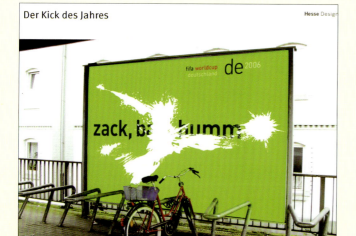

图1－图8点析：

　　榜样的力量是无穷的。优秀的范例作品，不仅能使教学过程更加丰富多彩、轻松愉快，同时能引起学生的学习兴趣，提高审美品位，引导学生更快地进入到版式设计的艺术世界中去。

9 | 10

图9- 图10点析：

　　这两幅是在街头商店收集的饮料招贴，画面动感突出，清新喜人，能很好地引起人们购买的欲望。范例作品不一定都来自于书本上，市场上优秀的海报、包装、POP等同样是很好的范例，其更贴近生活，更能引起学生的共鸣，也许教学效果会更好一些。

三、教程的基本体例架构

　　为了配合"概论——形式法则——基本类型"这一内容设定的基本思路和针对高职高专教育的特点，本教程采取了单元式教学的体例架构，共设定了三个教学单元来从概论到形式法则再到基本类型来逐一展开论述，力图把抽象的概念结合在具体的例子中讲述清楚，便于组织教学和学生自学。

　　第一教学单元主要对版式设计的目的及意义、基本原理、基本法则、基本要素、基本程序、视觉流程等方面结合具体图例展开讲授，使学生了解版式设计概论性的知识及其基本理论，并初步建立版式设计的框架性的概念。

　　第二教学单元的教学课题为版式设计的形式法则，分别从对比与调和、对称与均衡、单纯与有序、节奏与韵律、重点与主从、空白与虚实、视点与视线、比例与尺度等各种具体的、基本的版式设计形式法则进行分析讲述，并通过大量的作业练习来领会和巩固所学知识。

　　第三教学单元的教学课题为版式设计的基本类型。这里是把一些经典的版式设计的类型讲述出来并进行了举例，以期在传授知识的同时，提供给学生更多的范例。

四、教程实施的基本方式与手段

　　根据高等职业教育的特点，本教程不主张说教式的、只重理性和理论知识的教学方式，而是建议采取以大量的作品启发，在作品分析中讲解原理，在作业实践中理解基本原理和形式法则，强调开发思维和培养创新能力，并以大量优秀的作品为范例，引导学生去审美、去思考、去动手，甚至以娱乐性、亲和性的方式组织教学。由于这是一门认识课，不主张把大量的时间浪费在技法的精工细作上，所以允

11
——
12 | 13

图 11－图 13 点析：

　　这是来自于街头的广告灯箱装置版式，主体物单纯，内容简洁，是为适应人们匆匆一瞥的目光。优美有趣的画面会使视觉信息留存更长久。

许学生利用电脑相关软件来练习和完成作业。在教学的前期，可以用基本元素点、线、面、体来做版式的构成练习，以忽略其他因素而专心学习基本原理和构成法则；后期就应该以具体的设计内容来做有目标针对性的练习，便于学生把基本原理、形式法则与具体应用结合起来。

五、教学部门如何实施本教程

　　由于在视觉传达设计的教学体系里，版式设计在更大程度上又是一门专业基础课程。它是为以后的招贴设计、包装设计、书籍装帧设计以及一切需要通过平面来

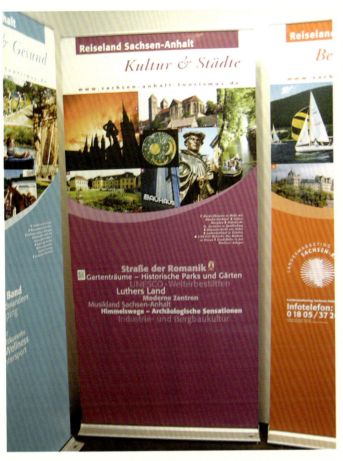

图14— 图17点析：

在店头、包装、路牌等企业形象识别物上同样需要版式设计。根据各自的特色，精心布局版面，能增加企业形象的可信度和美誉度。

14	15
16	17

表达的设计课程打基础的。所以,教学部门在实施本教程的时候应该注意在整个教学体系里时序的安排以及和前后课程的衔接。版式设计课程的安排应该在"平面构成""色彩构成""空间构成"三大构成之后,并在"印刷设计""招贴设计""包装设计""书籍装帧设计""VI设计"等应用专业课之前。在版式设计教学和作业实践时应注意对三大构成原理的继承、应用和发挥,还应针对后继的应用专业课做练习,以维持学科体系的连续性,增强学生的实际应用能力。

六、教程实施的总学时设定

基础课程是专业教学的重点,它直接关系到今后设计能力的强弱。所以在教学学时安排上要有所加强。建议在教学实施中,专科学时数在48～64学时为好,本科在64～96学时为好。同时还要强调学生在课后做大量的练习。这门课程不是一朝一夕就可学好的,必须持之以恒,贯穿学习过程的始终才能有大的收获。

七、任课教师把握的弹性空间

在具体的教学活动实施过程中,教师可以根据学生学习的进展情况在教学内容和学时以及讲授时间、实践时间等方面做灵活的安排和调整,但版式设计的目的及意义、基本原理、基本法则、基本要素、基本程序、视觉流程、形式法则等内容是一定要结合实例做重点讲授的,基本类型和教学范例可以根据教师的教学设计做一定的变动。同时,结合现代艺术设计教育注重应用性的特点,在教学中可以适当将广告招贴设计、书籍装帧设计、图形创意、字体设计等课程与版式设计相结合,既可使版式设计具有针对性,又能为今后的设计课提前打下基础,培养学生对各课程的综合运用能力。

18│19

图18－图19点析:

这些都是学生的课堂习作。版式设计教学中,作业练习不应只着眼于抽象的点、线、面等设计元素在版面中的布局,而应最终落实到终端应用作品中去,结合具体的内容及主题思想来进行,才能更好地培养学生的实际设计能力。(图18作者:冯爽;图19作者:刘楠)

版 式 设 计 原 理

单元教学课堂快题测试：选择两张DM单，让学生对版式做出书面评判（不得少于800字）。任课教师不对DM单设计作品做出任何提示和暗示，任学生自己做出判断。测试完成后，任课教师对全班的测试结果做小结，提出判断的标准。测试结束后对每个学生的书面评判做单项成绩记载，纳入学生课程成绩。

一、版式设计的目的及意义

什么是版式设计?我们可以理解为：在有限的版面空间里，运用造型要素及形式原理,将版面的各种构成要素——文字、图形图像、线条线框和色块等元素，根据特定内容的需要进行组合排列,把构思与计划的视觉形式表达出来,也就是运用艺术的手法,在版式上更明确地表达某种概念。这是一种更多地靠艺术直觉来把握的创造性活动。

版式设计是一切视觉传达艺术的重要基础。它是随着现代社会的飞速发展而兴起的，并能体现文化传统、审美观念和时代精神风貌等，被广泛地应用于广告、书刊、包装、装潢、展示、机构视觉形象（VI）和网页等所有视觉传达艺术的领域。版式设计艺术为人们营造新的思想和文化观念提供了广阔的天地，已成为人们理解时代和社会理念的重要桥梁。

1. 有效提高版面的注意值

当纷繁复杂的视觉信息展现在眼前的时候,哪些信息更能让我们愉快地去接受呢？哪些版式更能吸引人们的注意呢？很显然,那些美感突出、对比强烈的画面更引人注目。

设计师把美的感受和设计观点传达给受众，广泛调动受众的激情与感受。受众在接受版面信息的同时，获得艺术的享受，从而体现出审美价值。现代版式设计早已不是单纯的技术编排，而是技术与艺术的高度统一。现代视觉传达就是建立在艺术设计的基础之上的。随着人们社会生活节奏的加快，人们的视觉习惯逐渐改变，设计师的观念也不断更新，新的版式效果不断呈现。那些形式独特、美轮美奂、表达完善的画面让人们过目不忘，注意值当然得到大大的提高。（图1~图9）

1	2	
3		
4	5	6

图1－图6点析：

优秀的版式设计能给予受众愉快的享受，在轻松愉悦中接受版面所传达的意图。

设计时应注意载体的形式和类别，运用不同类别的载体应注意其属性特征，灵活运用版式设计原理和形式法则。特别要注意应用环境对版式设计的影响，如在复杂环境中，版式应尽量简洁；在开阔地带，可相对丰富，以形成对比而引人注目。

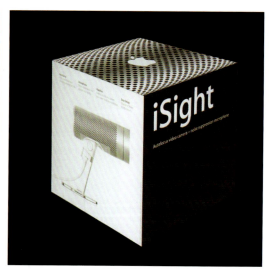

7 | 8 | 9

图 7- 图 9 点析：

    不同视觉效果的画面，却有着同样轻松的氛围，现代版式设计与图形创意、招贴设计、主题内容紧密相连，其训练的是一个系统工程，练习时作综合考虑更能达到神形合一的完善境界。

2. 有利于信息的有效传递

    版式设计本身并不是设计师的最终目的，它只是为了更好地传播信息的手段。凡是成功的版面，首先必须明确表达目的和主题思想，还要有上佳的创意策划和表现手法，做到主题鲜明、形象突出、美感强烈。在视觉传达设计中，常常有若干的元素需要在画面中同时或次第出现。但人的信息接受能力是有限度的，如果各种元素杂乱地出现在画面中，人们会因为信息紊乱而无法有效地理解。如果通过对版式的精心设计，把各种元素根据特定内容进行组合排列，既可以使画面形式更加服从内容，又能很好地提高信息的传达效果和效率，并以独具特色的形式感制造出或幽默、或风趣、或严肃、或神秘的视觉效果，给版面注入更深的内涵和情趣，使之进入一个更高更新的艺术境界。（图 10～图 12）

Access 交通指南 교통 안내

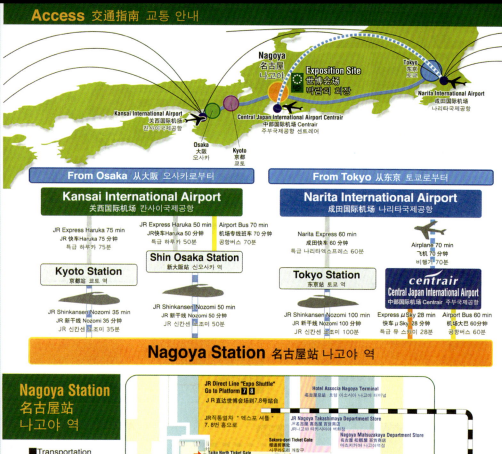

Nagoya 名古屋 나고야
Exposition Site 世博会场 박람회 회장
Tokyo 东京 토쿄

Narita International Airport 成田国际机场 나리타국제공항

Kansai International Airport 关西国际机场 칸사이국제공항

Central Japan International Airport Centrair 中部国际机场 Centrair 주부국제공항 센트레어

Osaka 大阪 오사카
Kyoto 京都 쿄토

From Osaka 从大阪 오사카로부터

Kansai International Airport 关西国际机场 칸사이국제공항

JR Express Haruka 75 min
JR 快车 Haruka 75 分钟
특급 하루카 75분

JR Express Haruka 50 min
JR 快车 Haruka 50 分钟
특급 하루카 50분

Airport Bus 70 min
机场专线班车 70 分钟
공항버스 70분

Kyoto Station 京都站 쿄토 역

Shin Osaka Station 新大阪站 신오사카 역

JR Shinkansen Nozomi 35 min
JR 新干线 Nozomi 35 分钟
JR 신칸센 노조미 35분

JR Shinkansen Nozomi 50 min
JR 新干线 Nozomi 50 分钟
JR 신칸센 노조미 50분

From Tokyo 从东京 토쿄로부터

Narita International Airport 成田国际机场 나리타국제공항

Narita Express 60 min
成田快车 60 分钟
특급 나리타익스프레스 60분

Airplane 70 min
飞机 70 分钟
비행기 70분

Tokyo Station 东京站 토쿄 역

centrair
Central Japan International Airport
中部国际机场 Centrair 주부국제공항

JR Shinkansen Nozomi 100 min
JR 新干线 Nozomi 100 分钟
JR 신칸센 노조미 100분

Express μSky 28 min
快车 μSky 28 分钟
특급 뮤 스카이 28분

Airport Bus 60 min
机场大巴 60 分钟
공항버스 60분

Nagoya Station 名古屋站 나고야 역

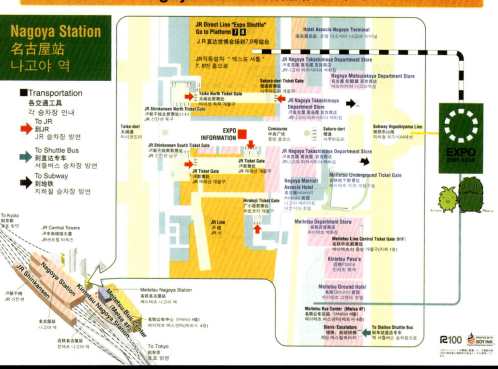

Nagoya Station 名古屋站 나고야 역

■ Transportation 各交通工具 각 승차장 안내

To JR 到JR JR 승차장 방면

To Shuttle Bus 到直达专车 셔틀버스 승차장 방면

To Subway 到地铁 지하철 승차장 방면

JR Direct Line "Expo Shuttle" Go to Platform 7 8
JR直达世博会场到7.8号站台
JR직통열차 " 엑스포 서틀 " 7.8번 홈으로

Hotel Associa Nagoya Terminal
名古屋总店 호텔 이소시아 나고야 터미널

JR Nagoya Takashimaya Department Store
JR名古屋 高岛屋 百货商店
JR-나고야 타카시마야 백화점

Nagoya Matsuzakaya Department Store
名古屋 松坂屋 百货商店
아츠지카야 나고야역점

Sakura-dori Ticket Gate
樱通前票处
사쿠라도리 개찰구

Taiko North Ticket Gate
太阁北前票处
타이코 북쪽 개찰구

JR Shinkansen North Ticket Gate
JR新干线北前票处
JR 신칸센 북구

JR Nagoya Takashimaya Department Store
JR名古屋 高岛屋 百货商店
JR-나고야 타카시마야 백화점

Taiko-dori
太阁道里
타이코도리

EXPO INFORMATION

Concourse 中央广场 중앙 콩코스

Sakura-dori 樱通 사쿠라도리

Subway Higashiyama Line
地铁东山线
지하철 히가시야마선

EXPO 2005 AICHI

JR Shinkansen South Ticket Gate
JR新干线南前票处
JR 신칸센 남구

JR Ticket Gate
JR前票处
JR 재래선 개찰구

JR Nagoya Takashimaya Department Store
JR名古屋 高岛屋 百货商店
JR-나고야 타카시마야 백화점

Meitetsu Underground Ticket Gate
名铁地下前票处
메이테츠 지하 개찰구로

JR Ticket Gate
JR前票处
JR 재래선 개찰구

Nagoya Marriott Associa Hotel
名古屋Marriott Associa 宾馆
나고야 메리어트 아소시아 호텔

Hirokoji Ticket Gate
广小路前票处
히로코지 개찰구

JR Line JR线 JR 선

Meitetsu Department Store
名铁百货商店
메이테츠 백화점

Meitetsu Line Central Ticket Gate (B1F)
名铁中央前票处
메이테츠선 중앙 개찰구(지하 1층)

Kintetsu Pass'e
近铁Pass'e
킨테츠 팟세

To Kyoto 到京都 쿄토 방면

JR Central Towers
JR中央塔楼大厦
JR센트럴 타워즈

Meitetsu Ground Hotel
名铁Ground 宾馆
메이테츠 그랜드 호텔

Nagoya Station 名古屋站

JR Shinkansen
JR新干线
JR 신칸센

Meitetsu Nagoya Station (Melsa 4F)
名铁名古屋站
메이테츠 나고야

Meitetsu Bus Center (Melsa 4F)
名铁公车总站 (Melsa 4楼)
메이테츠 버스센터(에르사 4층)

名古屋站 나고야 역

近铁名古屋站
킨테츠 나고야 역

Nagoya Public Transport Center
名古屋公车中心
메이테츠 버스센터(에르사 4층)

Stairs/Escalator
楼梯、自动扶梯
계단.에스컬레이터

To Station Shuttle Bus
到车站直达专车
역 서틀버스 승차장으로

To Tokyo 到东京 토쿄 방면

R100 PRINTED WITH SOY INK

图10— 图12点析：

　　优秀的版式设计能使视觉传达更具条理性与趣味性,能更好地与人接受外界信息的生理限度相适应,从而有效地提高信息的传递效率。

3．强化传达效果的持续留存

　　当今视觉传达设计大多都带有商业色彩,主要宣传的是企业及品牌形象。人们当然希望把美好的企业形象及品牌形象更多地留存于受众心目之中。通过对版式的设计,使画面具有艺术性、娱乐性、亲和性;而改变千篇一律、硬性说教、只重视合理性的版面形式,就能迅速吸引观众的注意力,激发他们的兴趣,从而达到动人以情并持之以恒的目的。(图13～图14)

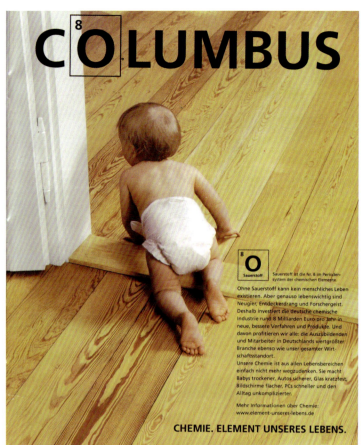

13 | 14

图 13－ 图 14 点析：

完美有趣的视觉传达作品，能深度刺激大脑皮层，从而留下深刻的印象，保持信息的持续留存。

二、版式设计图文编排的基本原理

美的法则是创造美感的基本形式，它通过主体与从属、形式与内涵、空灵与繁
复、简约与抽象、鲜明与沉稳、局部与整体、比例与适度、秩序与突破、信息传递
与装饰夸张等形式美构成法则共存于一个版面，相互对比、相互衬托，将不同的视
觉元素构成精妙简练、格调幽雅并富有意味的视觉图形。

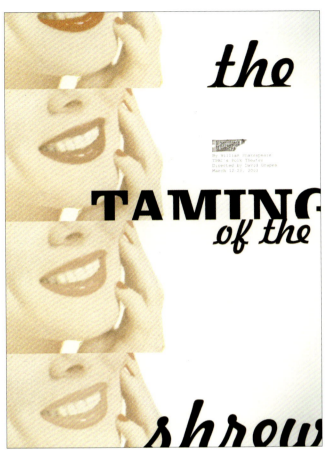

```
15 | 18
17 | 16
```

图 15— 图 18 点析：

任何版面都是由点、线、面这几个基本元素构成的，点、线、面都是相对而言，且相辅相成的，设计时应把握好相互间复杂的关系。

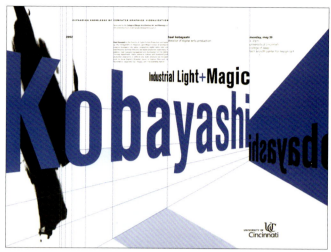

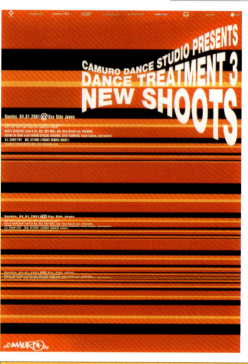

1. 版式设计的基本要素

构成视觉空间的基本元素是点、线、面，它们也是版面构成上的主要语言。版式设计实际上就是如何编排好点、线、面。不管多么复杂的版面内容与形式，设计师都可以简化为点、线、面，甚至世上万物都可归纳为点、线、面。一个字母可以看作一个点；一行文字或空白，可看作一条线；几行文字与一片空白则可看作面。点、线、面彼此交织，相互补充、相互衬托，组合出千变万化的形态，构成各种各样的版面。（图15～图17）

（1）点在版面构成上的作用

版面中的点是由形状、方向、大小、位置等形式构成的，它的感觉是相对的。其聚散与组合，带给人们不同的心理感应。（图18）

（2）线在版面构成上的作用

线是点移动的轨迹，具有位置、长度、宽度、方向、形状和性格等特征。有清楚明晰的实线，有若隐若现的虚线，也有空间感的流动线。直线和曲线是决定版面形象的基本要素。将各种

图19－图22 点析：

以线为主要元素构成的版面，现代感强，容易形成条理性与倾向性，视觉表现力丰富。

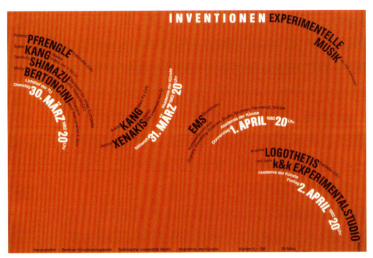

图 23- 图 24 点析：

　　线与面的综合构成是版面的主要构成方式。线的分割灵活，面的气质大方，根据需要处理好黑白灰的空间关系，强调个性特征，就能完成视觉效果良好的版式设计作品。

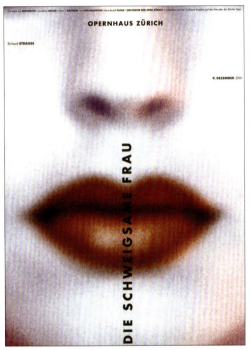

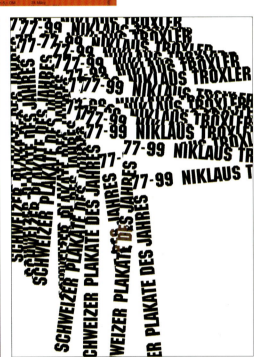

　　不同的线运用到版面设计中去，就会获得各种不同的效果，在不同的场合都能表现它独特的个性与情感。能否善于运用线，是判断设计师设计能力强弱的基本标准之一。（图 19～图 22）

　　A．线的空间构成

　　线具有方向性、流动性、延续性及远近感，通过合理的运用能使它产生空间深度和广度，为版面带来广阔的思维空间。

　　B．线的情感因素

　　线的不同特征，赋予线在视觉上的多样性。我们在学习版面构成之前，应先学习的极为重要的准备知识之一就是了解线的运用法则，知道怎样的线和形式比较适合于哪一类版面，这样才能产生设计师所要表达的意念。

　　●线的虚实与版面构成

　　●线的粗细与版面构成

　　●线的渐变与版面构成

　　●线的放射与版面构成

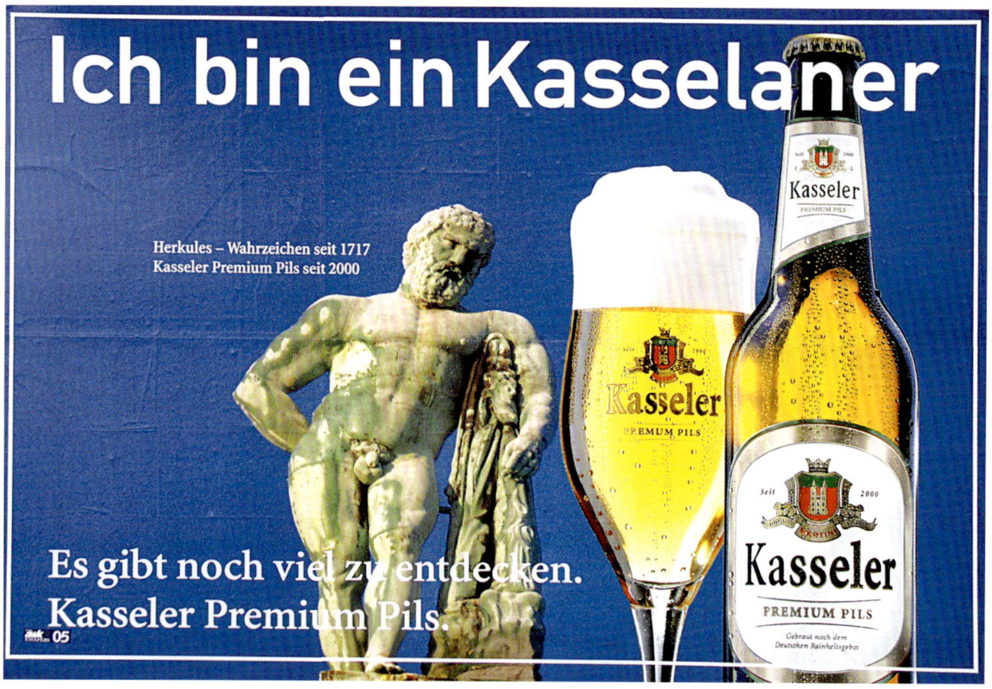

图 31 点析：

出血图式：富于张力，主体突出，形象丰富。

图 32 点析：

退底图式：有跨越时空之感，更具艺术感染力。

图 33 点析：

化网图式：效果特殊，减弱层次，强化整体。

B．出血图式

出血图式，即图片超出边缘位置而充满整个版面，具有向外扩张、自由、舒展和大气的感觉。由出血图式构成的版面，能减少与读者的距离感，具有一定的动感效果。（图31）

C．退底图式

设计者根据版面设计所需，在利用电脑处理图像时，将图片中的需要部分沿图像边缘保留，其余部分裁切掉，这就是图像退底。它给人一种干净、灵活、轻松自由的特征。是设计师常用的版面图片处理方法。（图32）

D．化网图式

化网图式是利用电脑技术把图片处理成各种特殊的网点效果,用以减少图片的层次。设计师为了追求版面的特殊效果,有时会采用这种方式。它可以衬托主题,渲染版面气氛。(图33)

E．适合图式

适合图式是以图片适合一定的形状限定来运用。经过组合及创造性地加工处理,使版面产生出新颖、独特的新视角。(图34)

(5) 图片组合

图片组合就是以块状组合或散点组合的方式把数张图片安排在同一版面中。

块状组合强调图片之间的线性分割,文字与图片相对独立,使组合后的图片整体大方,富有理智的秩序化条理。(图35)

散点组合则强调图片之间的分散安排,形成相对自由明快的感觉。文字与图片混为一体,使版面达到自由写意的境界,显得轻松愉快,亲和感强烈。

34 | 35

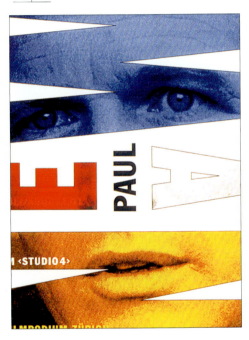
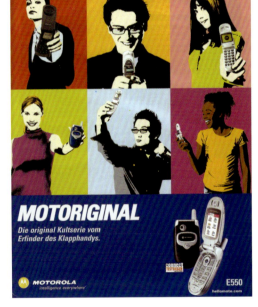

图34 点析:

适合图式:形式新颖,视线集中,富有诗意。

图35 点析:

图片组合:分割自由,视觉丰富,主题连贯。

（6）图片的方向

图片的方向感是形成版面视觉冲击力的方法之一。方向感强则动势强，产生的视觉冲击力就强；反之则会平淡无奇。人物的动势、视线的方向等均可表现图片的方向性，版面设计中也可借助图片的近景、中景和远景来传达版面的视觉效果。（图36）

（7）整体与局部

视线的位置决定图片的局部与整体感。比如对人的脸部来说，眼睛就是局部；而从全身的角度来看，脸就是局部。局部与整体是相对的。处理好局部与整体的关系，能使版面产生清新、醒目的视觉效果。（图37）

（8）图形的主要特征

在版式设计中，常常把图形理解为除摄影图片以外的一切图和形。图形以其超现实的自由构造和独特的想象力、创造力，在版面中有着独特的视觉魅力。

图形主要具有以下特征：简洁性、夸张性、具象性、抽象性、符号性、文字性。

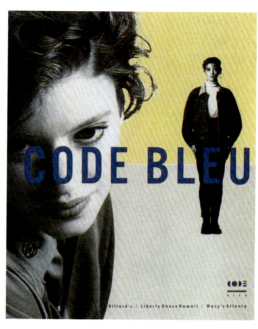

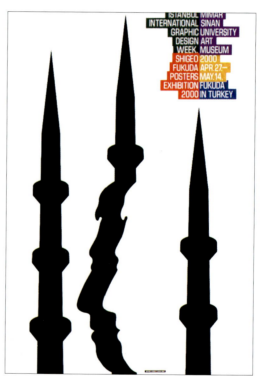

36 | 37
　 | 38

图 36 点析：

方向性图片，其指示性来自于运动和力度的方向感。

图 37 点析：

整体与局部，如特写与远景一样，既有概括说明，又有细节表现。

图 38 点析：

图形简洁，主题突出，诉求单一，言简意赅。

A．图形的简洁性

从视觉的有效性来说，抓住重点、突出目标，才能体现出视觉的最佳效果。图形在版面上的构成，首先应是简洁明了、主题鲜明突出、诉求单一。任何形式的版面设计都应以此为前提，违背了这一原则，版面形式感再强也是不成功的。（图38）

B．图形的夸张性

夸张是将对象中的特点和个性中美的方面进行明显的夸大，并凭借想象，充分扩大事物的特征，营造新奇变幻的版面情趣，以此来加强版面的艺术感染力，从而加速信息传达的时效。这也是设计师最常借用的一种表现手法，一般多用于广告创意的传达。（图42）

C．图形的具象性

真实地反映自然形态的美是具象性图形最大的特点。把写实性与装饰性相结合用在以人物、动物、植物、矿物或自然环境为元素的图形中，令人产生具体、生动、亲切和信任感。具象性图形以反映事物的内涵和自身的艺术性去感染和吸引读者，使版面构成一目了然，深得读者尤其是儿童的喜爱。（图39～图41）

图39－图41点析：

具象图形：真实感人、认知度高、雅俗共赏。

图42点析：

夸张图形：幽默风趣、场景幻化、分割大胆。

图43点析：

抽象图形：单纯简洁、时代感强、注重意蕴。

D．图形的抽象性

图形的抽象性来自于视觉规律的提炼与升华。它运用几何形的点、线、面及圆形、方形、三角形等来构成，具有简洁、单纯而又鲜明的特征。它利用有限的形式语言营造出空间的意境，让受众充分发挥想象力和创造力，在感受和体味中寻找一种乐趣。（图43）

E．图形的符号性

图形的符号性具有很强的代表性和象征性。人们常常把某种图形通过视觉感知与某种事物相关联，以此来代表某一特定事物。当这种创意的图形被公众认同和接受后，它便成为代表这个事物的图形符号，比如国徽、企业形象标志等。图形符号在版面中具有简洁、醒目、变化多端的视觉体验，它包含有三方面的内涵：象征性、形象性和指示性。

●符号的象征性

在设计中运用含蓄、隐喻、感性的符号，暗示和启发人们产生联想，以此传达思想观念和情感内容。（图44）

●符号的形象性

以具体清晰的符号去表现版面内容，图形符号与内容的传达往往是一致的，也就是说它与事物的本质联为一体。（图46）

●符号的指示性

顾名思义，它是一种命令、传达、指示性的符号。在版面构成中，经常采用此种形式以诱导、引领读者的视线沿着

46 | 44
45

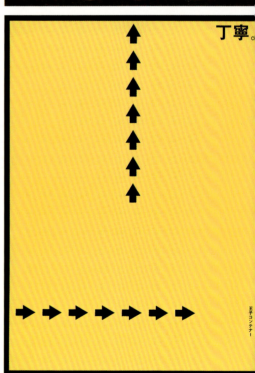

图44点析：图形符号的象征性。

图45点析：图形符号的指示性。

图46点析：图形符号的形象性。

设计师的视线流程进行阅读。在版式设计中，一些宣传性的广告、DM单经常会运用此类手法。（图45）

F．图形的文字性

具有图形化特征的文字，历来是设计师们乐此不疲的创作素材。中国文字的历史源远流长，其文字本身就具有图形之美。上古时期的甲骨文就具有图形化特征，至今中国文字结构依然符合图形审美的构成原则。世界上的文字也不外乎象形和符号等形式，在设计创作中，从文字中寻找图形创意的灵感是设计师设计的一种手段和方法。图形的文字性包含图形文字和文字图形两层意义。

●图形文字

图形文字是指将文字用图形的形式来处理而构成版面。这种版式在版面构成中占有重要的地位。它多运用重叠、放射、变形等形式在视觉上产生特殊效果，给图形文字一种新的寓意与传达方式，是版式设计中处理图形文字的一种表现手法。（图47）

●文字图形

文字图形，就是将文字以点、线、面等最基本的单位形式出现在版面编排中，

图47点析：

图形文字：认知度高、重点明确、画面自由。

图48点析：

文字图形：图文并茂、形式简洁、灵活多变。

47

48

使其成为版面编排的一部分。采用文字图形进行编排，有时可以使版式体现出图文并茂、生动有趣、别具一格的版面效果。（图48）

4．图形与文字的混合构成

作为版面的主要构成要素，图片与文字直接影响着视觉的传达效果。图片与文字有关联性才能更好地表现主题、丰富画面形式。在实际运用中，图片比文字更具视觉效果，而且在视觉上辅助文字以帮助读者理解，从而起到导读的作用。在此过程中，要加强图片与文字的整体组合和协调，让版面形成条理美、韵律美，使图文相互呼应。图片与文字基本上有两种组合形式：文本绕图、图文重叠。（图49～图51）

图49－图51点析：

图文混合是版面的常用构成方式。图文相辅相成，易于理解。设计时要注意图文呼应的节奏感与韵律感。

49

50 | 51

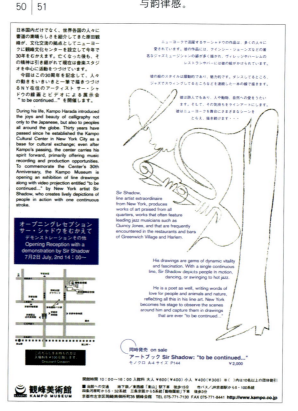

三、版式设计的视觉流程

设计师在进行版式设计时，往往将重要的信息安排在一个引人注目的位置上，这个位置就是版面的最佳视阈。版面中不同的视阈，注目程度不同，心理感受也不同。由于人们自左向右、自上而下的阅读习惯，这使版面上半部让人感觉轻松，有飘浮感，下半部则让人感觉沉重、压抑，版面左半部让人轻松自在，右半部让人紧促局限。所以版面的上侧视觉注意力强于下侧，左侧视觉注意力强于右侧，版面的左上部和中上部被称为"最佳视阈"。

在阅读版面时，人们的视线有一种自然流动的习惯，一般都是从左到右、从上到下，视线由左上角沿着一条自然形弧线向右下方流动，越往下注意力越低。这条弧线上的任何点都比线外的点明显，人们称这一无形的流动线为"自然视觉流程"。

设计师根据自然视觉流程的特点，将各种信息内容按秩序合理地安排到版面中，以诱导读者的视线按照设计师的意图获得最佳信息。所以，一个成功的视觉流程应该是符合一般视觉原理和读者普遍的阅读心理的。这样的视觉流程逻辑性强、主次分明。

1. 视觉流程的逻辑性

版式设计的视觉流程是视线随各元素在空间沿一定轨迹运动的过程，是一种"视线的空间运动"。这种视觉在空间的流动线是"虚线"。正因为它是"虚线"，所以设计时容易被忽略。而是否重视并善于运用这条贯穿版面的"虚线"，是衡量设计师技巧是否成熟的表现。视觉流程可以从理性与感性、方向关系的流程与散点关系的流程等方面来分析。

方向关系流程较散点关系流程更具理性色彩。方向关系的流程注重版面的清晰脉络，强调其逻辑关系，让人感觉似乎有一条贯穿始终的线，使整个版面的运动趋势有"旋律导向"，主体与细节犹如树干和树枝一样和谐。（图52）

52

图52点析：
视点运动的线路形成了视觉流程

2．视觉流程的节奏性

（1）单向视觉流程

单向视觉流程使版面的流动线更为简明，直接地诉求主题内容，具有简洁而强烈的视觉效果。其表现为三种方向关系：

竖向视觉流程——给人坚定、直观之感。（图54）

横向视觉流程——给人稳定、恬静之感。（图53）

斜向视觉流程——给人运动、活泼之感。（图55）

（2）曲线视觉流程

视觉流程随弧线或回旋线而运动变化为曲线视觉流程。更具韵味、节奏感和曲线美是曲线视觉流程的鲜明特点。曲线流程的形式微妙而复杂，主要可概括为"C"型和"S"型。"C"型具有饱满、扩张性和一定的方向感；"S"型中两个相反的弧线则产生矛盾回旋，在平面中增加深度和动感。（图56）

53	56
54	55

图53 点析：横向视觉流程

图54 点析：竖向视觉流程

图55 点析：斜向视觉流程

图56 点析：曲线视觉流程

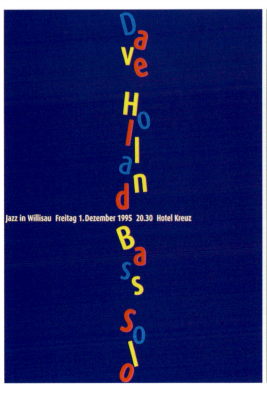

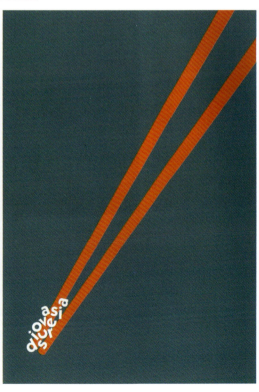

（3）重心视觉流程

重心以其强烈的形象或文字独踞版面某个部位，是视觉心理的重心，位置因具体画面而定。在视觉流程上，首先是从版面重心开始，然后沿着形象的方向与力度的倾向来发展视线的进程；最后，视线沿着向心、离心的视觉运动发展，这也是重心视觉流程的表现。重心视觉流程因其诱导性使主题更加鲜明突出而强烈。（图57）

（4）反复视觉流程

反复视觉流程指相同或相似的视觉要素作规律性、秩序性、节奏性的逐次运动。其运动流程不如单向、曲线和重心流程运动强烈，但更富有韵律美和秩序美。（图58）

（5）散点视觉流程

散点视觉流程指版面中图与图、图与文字间形成自由分散状态的编排形式。散点视觉流程强调感性、自由随机性、偶合性，强调空间和动感，追求新奇、刺激的心态，常表现为一种较随意的编排形式，这种编排方式在国外平面设计中十分流行。面对自由散点的版面，人们仍然有阅读的过程，即：视线随版面图像、文字作或上或下或左或右的自由移动阅读的过程。这种阅读过程不如直线、弧线等流程快捷，但更生动有趣。刻意追求轻松随意与慢节奏的版面常常采用这种流程方式。

单向、曲线、重心及反复视觉流程均为方向性的流程。在编排方向性关系视觉流程时，要注意各信息要素间间隙大小的节奏感。间隙大，节奏减慢，显得视觉流程舒展；而过分增大，则失去联系，彼此不能呼应，视觉流程感弱。间隙小，节奏强而有力，信息可视性高，布局显得紧凑；但间隙过小，会显得紧张而拥挤，

57	
58	
59	60

图57点析：重心视觉流程

图58点析：反复视觉流程

图59点析：散点视觉流程

图60点析：诱导性的视觉流程

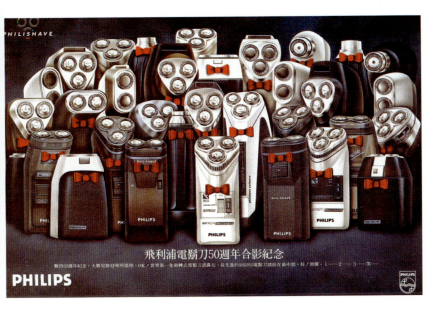

造成视觉疲劳而无法清晰、快捷地传达主题。而散点视觉流程则是在前四项的基础上的一种突破与创新，它能更多地体现设计师的个人风格与编排技巧，是一种更具现代设计气息的版面编排方式。（图59）

3．视觉流程的诱导性

导向视觉流程通过视觉元素，主动引导读者的视线向一定方向顺序运动，由主及次地把画面各构成要素依序串联起来，形成一个有机整体，并发挥出最大的信息传达功能，使版面重点突出、条理清晰。编排中的视觉导向线有虚有实、形式多样，如手势导向、文字导向、形象导向以及视线导向等。（图60）

四、版式设计的基本程序

观察与模仿一些现成的作品，看它们是如何有效地把视觉元素和相关的受众结合起来的；了解怎样使用恰当的字体和怎样运用设计的各种区域，掌握色彩、示意图和照片的运用方式，最后学会通过合适的途径来传达所要表达的形象和讯息——这是初学者必经的一个重要过程。版式设计的创作过程有一个基本的程序，当然，这种基本程序主要是针对初学者而言，有经验的设计师大都有自己的设计习惯和操作程序。但无论如何，万变不离其宗，任何设计习惯和操作程序都是从这种基本程序演变而来的。

版式设计的基本程序主要是：在为原创设计收集了一定的信息后，首先需将这些信息进行比较并进入项目的草拟大纲阶段，接着需要对设计和概念进行发展和修改，最后将设计应用到版面上直至付印为成品。

首先的一个程序是拟定设计大纲。设计师必须在项目的初期就设定目标，以满足客户的需要，并且要从客户的角度来进行设计。这就要求设计师必须知道客户对于这个设计的想法和建议。这些想法和建议能为设计师提供一些非常有价值的内部信息，从而帮助设计师找到解决设计问题的最有效和恰当的方法。并且无论最初的设计大纲有多复杂，设计师都必须想方设法以最简洁和最生动的方式表达出来。然后，设计师需要具体了解大纲中提出的要求，还要广泛地研究市场、媒体，或是那些有可能是设计作品的条件或限制的因素。设计师对于版面各元素的大小和比例要做到心中有数，才能开始进行创意并形成一幅设计草图。其次，设计师可以画出一个按比例缩小的图形作为草稿，并在各个设计区域内试着放置主体元素，练习使用不

图61－图62点析：

这两幅比较成功的作品，都不是一蹴而就的，都是从"概念—创意—草图方案—成品"这样一个过程中来的。只有不厌其烦地思考、画草图、比较选择方案，才能最终得到完美的效果。

同的字体，选用不同的颜色，接着放置选中的其他设计元素。这样就能在草稿上见到设计构思的基本形状了。最后，设计师需要对各种不同的编排方法和方案进行整合，提炼出一个最有效的方案。通常客户和设计师都需要用几个方案来进行对比选择。只有在这样的情况下，才可能设计出最有效、最有趣和最实用的方案。(图61、图62)

单元版式设计实例演示之一

现在我们来进行版式设计的实例演示。版式设计说起来难，其实就只有三个工作要做，那就是"明确诉求目的并寻找设计元素——建立画面视觉秩序——在画面秩序中寻求变化以达到丰富性与趣味性"，下面我们就本着这些原理来进行有趣的设计实践吧。

一、选择一个图形开始设计

进入真正的设计阶段了，从哪里着手呢?首先，创作者必须要明白项目的诉求目的，考虑与诉求目的最相关且最有创意的图形。一开始，我们建议暂时抛开所有的限制条件，因为这些限制只会妨碍创作者的创造力。创作者只有画出更多的草图，才能发现各种可能性，然后再来慢慢修改。(图1)

二、排版并放置第一条直线

现在可进入下一阶段，即决定如何用简单、迅速的视觉元素来传达信息。

大多数设计项目会包含文字,文字可以是标题或者整篇文章。通常设计师处理的第一个步骤是放置一条简单的直线来代表一个标题，目的是方便在设计空间里移动它，从而找到一个适合的位置。用这条直线在草图上做各种广泛的试验，把它放到任何位置，以此来感觉对画面空间平衡的控制力。通过改变直线的比例、长短和位置，就会感受到图形的位置会影响空间的紧张感。

在最初阶段，设计者可以把一些实际设计的尺寸按比例缩小，然后把它们放在一起进行相互比较，这一过程称为"绘制草图"。(图2)

三、为直线选择适合的面积

接下来就可以发掘这条直线并探索它的各种可能性。设计者在草图中的各种位置放置代表标题的直线，并扩大或是缩小这条直线的面积，观察它

图1

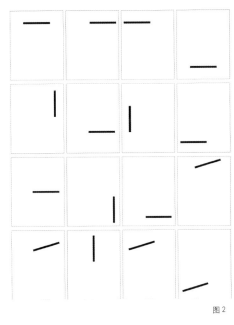

图2

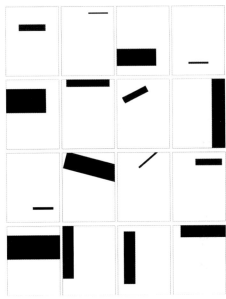

图3

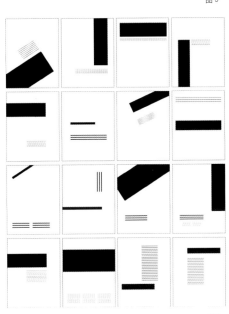

图4

能以互补的形式发挥作用。这其中的妙处就在于：在设计的最初，设计师可以同时预测示意图和字体的风格、图形、大小和色彩，并加以思考，让它们发挥各自的作用；或者控制示意图的形状和颜色，并结合到文章中去；抑或将文章覆盖到示意图上，将两者结合到一起。(图13)

如何来定义示意图呢?它是设计过程中绘制的原创设计元素，并且可以按照设计师的意愿做任意的改变——不论是色泽、形状或是大小。接下来，我们就需要学着将文章和字体结合起来——其实利用已知的一些知识，能够很容易地做到这一点。事实上，好的设计依赖于设计师对空间的巧妙运用。(图14)

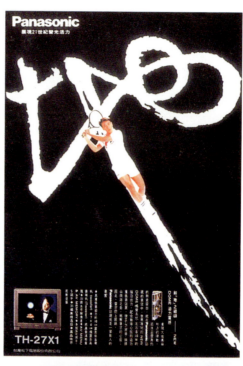
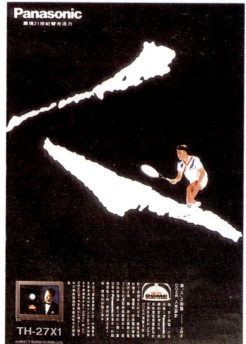

图13

图 14

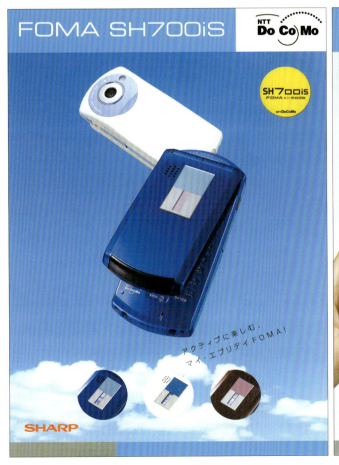

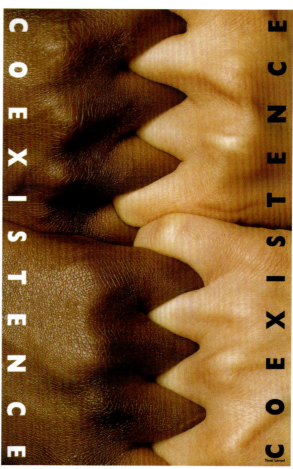

图5— 图7点析：

　　对称是产生均衡的常用手法。形式的对称和视觉上的对称都可以使画面产生均衡效果，而对主体物和画面的比例分配，是对设计者审美感的考验。

　　图5：左边人物形象丰富，但整体明度高；而右边烟盒明度低，但视觉色感较重，使画面产生均衡感。

　　图6：是比例、对称、均衡各方面的完美结合，深色手占据稍多的版面，但字却减轻了深色手的重量感。白手衬托的黑字却加强了右边的重量感，因而显出均衡之美。

　　图7：图中书本占的比例虽小，却处于中心位置，且左边留有较大的比例空白，所以形象突出而完整。

用什么样的比例运用到版面编排中，往往需要精心推敲。适度的比例会适应读者的视觉心理，达到秩序井然的效果；良好的比例运用是设计师艺术修养与审美情趣的综合反映。

　　对称与均衡都是求取视觉上的一种静止感及稳定感。对称就像天平，两边是等形、同量的平衡。对称的形式有以中轴线为轴心的左右对称、以水平线为基准的上下对称和以点为中心的放射对称等。对称具有稳定、庄严、整齐、安定的特点。

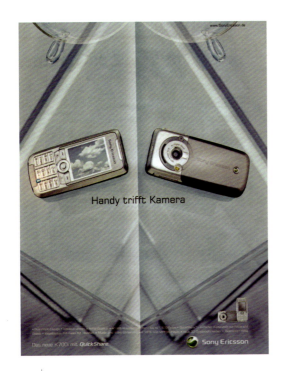

均衡则像一杆秤,这种平衡是等量不等形的,它通过设计师对布局的精心构置,使版面的重心稳定。均衡的版面设计形式富于变化,具有动中有静、静中有动的形态美(图5~图10)。在构图时,画面四角、对角线、中轴四点具有相当的重要性,一定要做认真的设计考虑。

```
 8
─── │ ──
 9 │ 10
```

图8~图10点析:

　　构图的结构对称,若对图形的细节作一定的变化,则能更好地产生美的感觉。

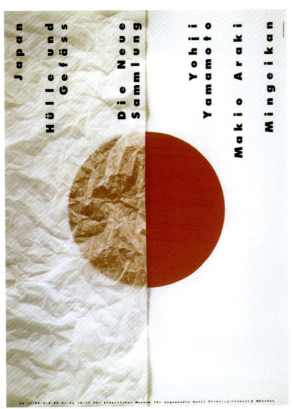

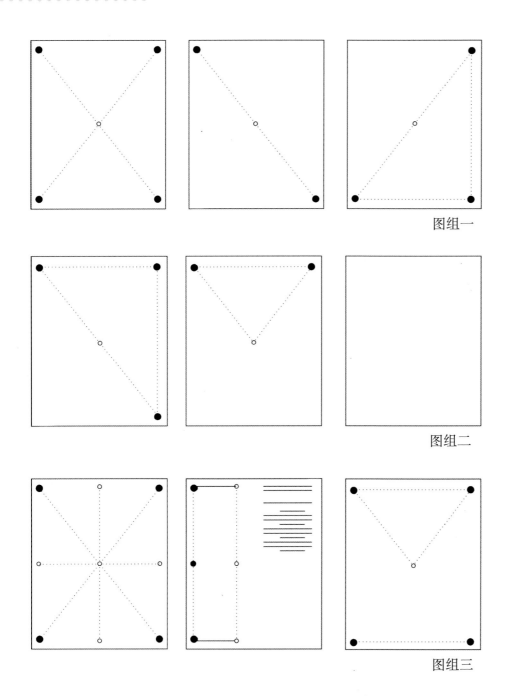

图组一

图组二

图组三

1．支配版面的四角和对角线

在版面结构布局上，四角与对角线具有潜在的重要性。四角是表示版心边界的四个点，把四角连接起来的斜线即为对角线，交叉点为几何中心。布局时，通过四角和对角线的关系求得版面多样变化的结构形式。（图组一）

2．支配版面的中轴四点

中轴四点指经过版心的垂直和水平线的端点。中轴四点可产生横、竖居中的版面结构，其四点(上、下、左、右)可略有移动。（图组二）

3．四角与中轴四点结构

将四角与中轴四点结构结合使用，其版面结构更为丰富完美。（图组三）

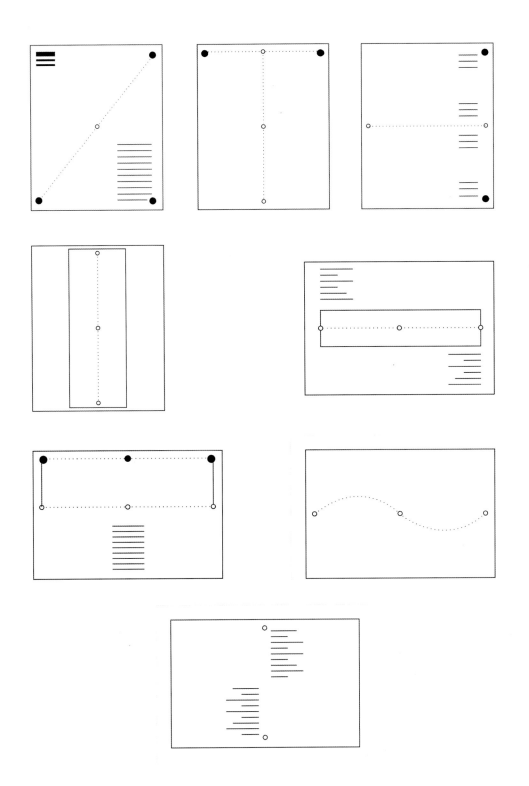

以上图例清楚地表明：四角与对角线以及中轴四点，其结构原理虽简单，变化却丰富多样。编排时紧紧抓住这八个点，布局就变得容易(除自由版式)。换句话说，用四角和中轴四点及对角线的关系来分析、解释版面的结构，则版式设计的结构关系、视觉流程关系、形式法则关系都能得到相应的简化。

图11－图12点析：

　　面积的比例、主要结构线对画面的分割比例（如黄金分割），是版面构成的基本骨架。设计者需细心体会、用心调整才能设计出完美的版面。

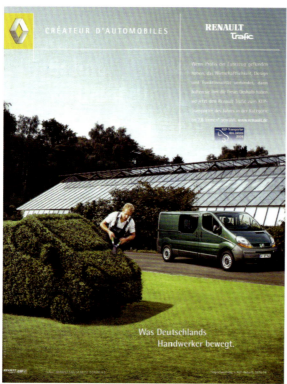

11

12

三、单纯简洁，强化秩序

版面基本形和编排结构的简明、单纯，是单纯化概念的两个基本方面。设计师要使版面产生具有强烈视觉冲击力的形象与整体感，就必须把握好这两点。当面对各种文字资料和图片时，设计师必须对图片资料进行大胆取舍，创立清晰的设计思路和画面形式感，确定版面重心及视觉流程，才能设计出单纯、简洁的版面。这样的版面才能够获得画面完整、秩序感强、一目了然的视觉效果；否则，紊乱不堪的视觉效果会造成传达的障碍。

版式设计的秩序感，是指版面中各种视觉元素有组织、有规律的表现形式，它使版面具有井然有序的视觉结构。我们从设计实践中得知，版面的编排结构越单纯，其整体性就越强，视觉冲击力就越大；反之，编排结构越复杂，整体形式及视觉流程秩序就越弱。所以强化秩序感，首先就得强化单纯的编排结构。

节奏越来越快的现代人，往往只能把有限的时间倾注于某一事物之上。以前那种编排结构复杂的版面形式，早已为人们所厌倦了；而视觉传达艺术常常只能通过有限的媒体空间展示给受众。这就要求设计师必须强调版面表现的单纯、简洁，单纯、简洁并不是单调、简单，而是浓缩信息、精炼内容、集中表达，它是建立于新颖、独特的艺术构思之上的。由此可见，版式设计的单纯化形式编排包含着诉求内容的提炼与版面形式的构成技巧。（图11～图16）

13		
14	15	16

图13— 图16 点析：

这几幅作品的画面元素均比较单纯，视觉流程简洁、结构清晰，采用对比或者变异的手法突出重点，空间秩序感强，让人一目了然。

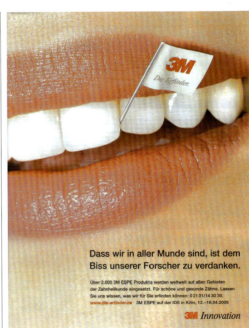

四、创造节奏，韵律优美

　　节奏与韵律是版式设计常用的手法，它们来自于音乐之中。怎样理解节奏？某种元素通过一定的变化，组成某种片段或阶段，这种片段或阶段产生有规律的重复，就形成节奏。如山脉的起伏、火车的声音，以及春、夏、秋、冬的循环等都可视为一种节奏。元素变化小的称为弱节奏，如舒缓的小夜曲；变化大的称为强节奏，如激烈的摇滚乐。节奏的简单重复会使单纯的更加单纯，统一的更加统一。节奏的律动重复就形成韵律，也就是节奏有规律地发生变化并重复，形成一定的秩序感。如音乐、诗歌、舞蹈。如果节奏变化得太多而失去秩序，也就破坏了韵律的美。对于版面来说，图文、色彩等视觉要素，在编排组织上符合某种规律时所给予人们视觉和心理上的节奏感觉，即是韵律。在实际设计过程中，静态版面的韵律感主要是以比例、轻重、缓急或反复、渐进为基础的形式规律来建立的。（图17、图18）

17|18

图17－图18 点析：

　　通过黑、白、灰等色块元素的大小、变化的有序重复，形成空间中跳跃的节奏感，从而产生优美的韵律。

五、神形兼备，和谐统一

　　版式设计的目的是用赏心悦目的形式来突出主题、传播信息。成功的版面不是设计师个人风格的自我陶醉，而是在明确视觉传达目的的基础上，对内容的完美表现。版面是传播信息的桥梁，在追求形式的美观时必须符合主题的思想内容，这是版面构成的基本要求。内容是版面的神，表现形式是版面的形。只重视其一而忽

19|20

略另一方面的版面设计都是不成功的；只有把形式与内容有机地统一，强化整体结构，做到神形兼备，才能解决说什么、对谁说和怎样说的问题，才能取得其社会价值和艺术价值。（图19、图20）

图19- 图20点析：
    图19：用巧克力组合成手机的形状，神形兼备、主体突出，视觉冲击力强。
    图20：用干净、简洁的酒瓶酒杯，通过仰视角度的方式突出其高贵和品位。两幅作品的形式与内容统一，版式简洁明了，视觉传达效果极好。

八、视觉流程，合理有序

　　版式设计的视觉流程实质上就是版面的协调性，也就是强化版面各种要素在结构以及色彩上的相互关联性。图文的整体组合与协调性的编排能使版面具有条理性和秩序美，从而获得良好的视觉效果。（图25～图27）

25 | 26
27 |

图25－图27点析：

　　根据诉求内容的主次感来布局画面元素的主次，使视觉流程舒适、有序，且主次内容得到按序表达，甚至可以使人在不同的时间而获得不同深度的诉求内容。

28

图 28 点析：

　　文案的阅读性、字体、大小、色彩等均要符合受众的视觉习惯与特征，这是视觉传达设计对文案的基本要求。只有这样才能更好地引导阅读、传达意图。

九、文案设计，视读性高

　　传播信息是版面的主要功能，是设计师要时刻牢记的标准。视觉语言是设计师表达意图的主要运用形式。若因条件限制，仅用视觉语言而无法完整地表达意图时，就必须用文字来配合说明。文字与图形常常是共生的、没有完全明确区分的，而文字本身也是版式设计的主要元素之一，字体图形就是最客观、明确、有效的视觉传达语言。文字字体的选择、放大或缩小、加宽或变长、倾斜与扭曲，是设计师能自由而灵活地发挥想象力的空间。但无论如何，良好的视读性是文字编排的第一准则。（图28）

　　这些编排的形式法则是形成良好画面的主要手法。文字与图形各有不同的特点和作用，但在实际应用上都是相互关联而共生共存的。单纯与秩序的形式法则使版面整体感强；对称与均衡的形式法则使版面显得稳定；韵律和节奏的形式法则使版面产生情调。而对比法则产生强调的作用；和谐法则产生整体的感觉；留白法则则使版面获得灵气与空间感。

单 元 教 学 导 引

教学目标与教学要求	本单元要求学生掌握平面版式美的审美法则及版式的编排技巧，进一步提高审美能力。教学时，要求教师讲解与学生分析相结合，做到互动学习，并运用大量的范例来讲解版式设计的形式法则。要求课堂作业与课后作业相结合。
重点与注意事项提示	1．形式法则的概念要重点掌握但不能机械理解，教师应对各种形式法则进行灵活地讲解，使学生既能掌握概念又能灵活运用。 　　2．本单元是版式设计技能训练的重点，作业量可适当增大。作业设置时应分前、后两个阶段，前一阶段作业于各种形式法则要有针对性，后阶段作业要有综合性。 　　3．讲解过程中要有主次之分，同时要注意这些形式法则之间是相辅相成、互为因果的；在一般情况下，它们是对立统一在一个版面之中的。
小结要点	1．形式法则就是两个方面内容：一是怎样在版面中建立视觉秩序感，二是怎样在有秩序感的前提下使形式更灵活丰富； 　　2．各种形式法则就是各种版式的构成技巧； 　　3．版面是一个综合构成体，版式中各种形式法则都不是孤立存在的，只是有主次之分。

本单元作业：

题目与要求：在教学中分析具体的实例后，布置学生完成4—6幅版式设计作业。作业设置要求进行综合训练，注意各种法则的对立统一性和主次性。

训练目的：熟练掌握并灵活运用各种形式法则，在版面中建立良好的、能明确表达某种意图的视觉秩序。

版式设计的基本类型

单元教学课堂快题测试：选择两本型录，让学生对版式做出书面评论（不得少于1000字）。任课教师不对型录设计作品做出任何提示和暗示，任学生自己做出判断。测试完成后，任课教师对全班的测试结果做小结，提出判断的标准，并对每个学生的书面评论做单项成绩记载，纳入学生课程成绩。

一、满版式

图片占据整个版面，在适当位置直接嵌入标题、说明文字等。这是一种现代感很强的构图形式，其图片的艺术质量至关重要。而其他构成要素的位置、大小等也需精心安排。（图1、图2）

1 | 2

图1－图2点析：

满版式整体感强烈。图片主体的构图形式决定了其他元素在版面中的位置，主体物的形象必须完整而突出。

二、散点式

也称为自由式，编排时将各种构成要素在版面上作不规则的分散状，结构是自由无规律的，这种看似随意的分散构图，其实包含着设计者的精心构置。设计师在编排时要注意节奏、疏密、均衡等要素，整个版面总体上要有统一的气氛，如色彩的统一等，要做到形散神不散，有活泼、轻快之感。（图3、图4）

图3－图4点析：

　　散点式的版面犹如一首优秀的散文诗，形散神严。其设计元素的空间感觉富有跳跃性。画面的疏密感、元素的空间进退感是设计成功与否的关键。犹如武林中"有法入无法"一样，常常是高手所为，初学者观摩时要注意对版面神韵的体会，练习时一定要从整体出发，自始至终都要把握好整体关系。

3 | 4

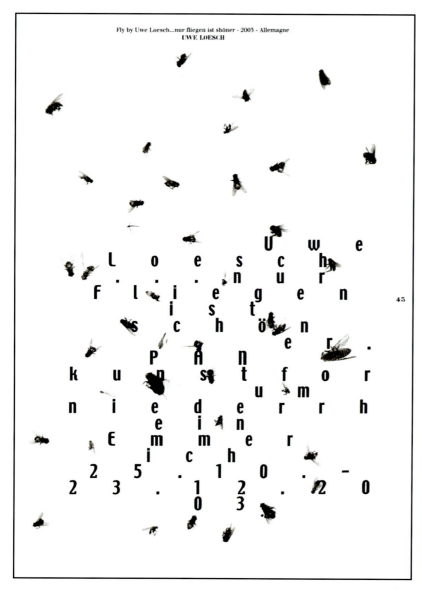

三、上置式

图片配置在版面的上半部分,而下半部分则留白或只有极少的文字。图片感性而实在,留白理性而空灵。图片可以是一幅或多幅组合。(图5~图8)

图5－图8点析:

上重下轻,有灵动、轻盈、活泼之感,应用时需根据主题内容和媒体特征来把握。同时也有不稳重的感觉,这时可以用色块或挂网来减弱。

图9－图11点析：

    下置式构图稳重、大方，留白给人以巨大的想象空间，犹如天与地的感觉。图片的形式感对其他元素的位置、大小影响很大。

9 | 10

    | 11

四、下置式

    版面的下半部分配置一幅或多幅图片，上半部分留白或者有很少量的文字。实在与空灵同在，但有时也给人以荒凉与沉重感。（图9～图11）

五、左置式

在版面左边配置图片右边留白或有少量文字，形成强烈的虚实对比，视觉冲击力较强。这种版式往往让人感觉有很大的视觉想象空间。（图12～图14）

图12－图14点析：

这是一种画外有画，意犹未尽的构图形式，观者参与感强，容易引起共鸣。富有情趣和象征意义的图片和对边角的处理往往是这类版式设计是否成功的关键。

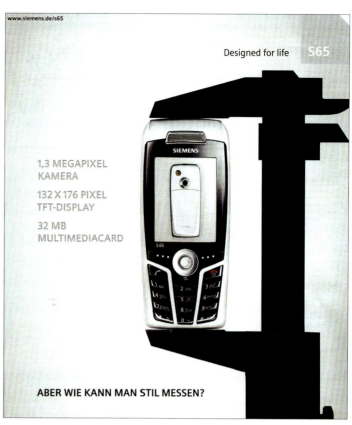

15	16
17	

图15－图17点析：

　　由于人们由左向右视觉习惯的原因，这类版式往往有一种画面不完整的感觉，心理上似乎有距离感，但却符合现代人"缺憾美"的审美感觉。事先的提示及对边角与分割线的虚实处理至关重要，画面中主体物一般不完全置身于中线之右。

六、右置式

　　在版面的右半部分配置一幅或多幅图片，左边留白或配以文字，虚实对比强烈，常常需要有某种预先的提示，否则会给人强烈的失重感，这是画面动态平衡最典型的例子。这种版式分割线的虚实处理常常是成功与否的关键。（图15～图17）

七、纵轴式

　　这种对称的构图形式,是把各种设计元素基本对称地放在轴心线上或者两边。版面的中轴线可以是有形的,也可以是无形的。这类编排具有良好的平衡感,但只有使中轴线两侧各要素进行大小、深浅、冷暖等的对比、变化,才能呈现出动感。(图18~图21)

18	19
20	21

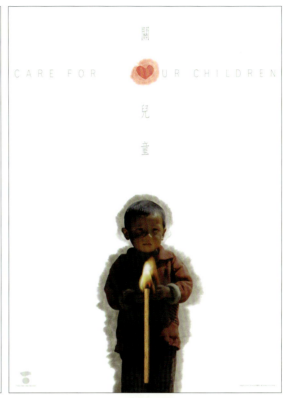
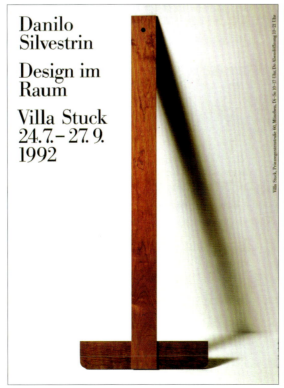
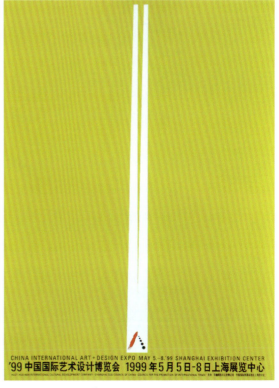

图18— 图21 点析:

　　庄严、肃穆及宗教感,是这类版式特有的视觉心理感受,纵轴线的虚实及破、立处理是关键。边角及元素的空间层次处理可以使画面免于单调。画面的主体形象是人们视觉心理倾向的主要诱导物。

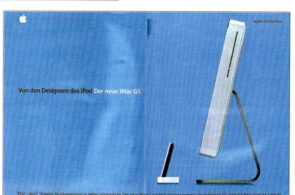

22	
23	24

图 22— 图 24 点析：

　　横轴式版面给人视野开阔的感觉，寓安静与祥和于其中。图片或图形的具体形式对构图效果影响巨大。注意横轴线上一定要有视觉重点，否则会流于呆板。

八、横轴式

　　将各种设计元素做横轴方向的排列，文案以上下或左右配置。水平排列的版面给人稳定、安静、和平与含蓄之感。但动感图片却会使版面给人强烈的运动感觉。（图 22～图 24）

九、斜置式

　　这是一种具有很强动感的构图,图中要素或主体的放置呈倾斜状,视觉流程随倾斜角度流动。(图25~图28)

图25－图28点析:

　　斜置构图动感强烈,立体图形往往有很强的视觉诱导性,设计时应注意把握视觉流程的韵律感,否则会因视觉单调而不耐看。

十、圆形式

　　将插图处理成圆形、半圆形，使画面十分活泼，同时在文字编排上作相应变形。圆形给人庄重完美的感觉，因而画面十分引人注目。但圆形毕竟过于"圆满"，有时用半圆形的视觉效果反而更好。（图29～图32）

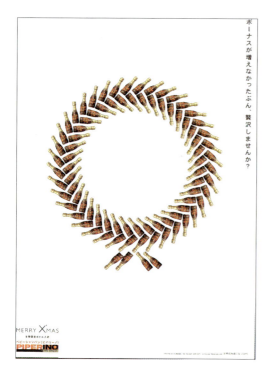

图29－图32点析：

　　圆形版式重点突出，视觉冲击力强。但在设计时，主体图形常常并不是构图的重点，辅助元素的安排决定着版面的风格和成功与否。

29	30
31	32

十一、并置式

　　将相同或不同的图片作并置重复排列。并置构成的版面有比较、说解的意味，给予原本复杂喧闹的版面以秩序、安静、调和与节奏感。并置式具有强烈的解说感觉，多用于说明性的图文资料。元素的并置与变异是这类版面常用的技法。(图33～图37)

图33–图37点析：

　　并置式具有强烈的解说感觉，多用于说明性的图文资料。元素的并置与变异是这类版面常用的技法。

33 | 34 | 35
36 | 37

十二、对称式

对称的版式给人稳定、庄重、理性的感受。对称有绝对对称与相对对称。一般多采用相对对称手法，以避免过于严谨。对称一般以左右对称居多。(图38～图42)

1．左右齐整

文字可横排也可竖排，横排时从左至右两端对齐，竖排从上下两端对齐。整个编排版面整齐、大方，是书籍、报刊最常用的形式。这种编排形式若采用不同字体既可增加版面变化，又有很强的整体效果。

2．中对齐

以版面中心线为准，两端字距大致相等。如果编排中将文字中轴线与图片中轴线对齐，可以使视线集中，中心突出。

3．齐头或齐尾

齐头是每一行的第一个字对齐在左边的垂直线上，右边的行尾有长有短，显得非常有节奏感。齐头的方式符合人们的阅读习惯，显得亲切，而齐尾的方式则恰好相反，并显得新颖，有格调。

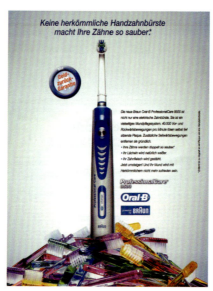
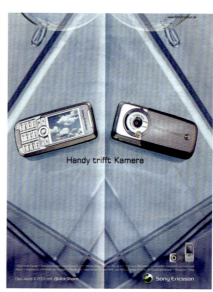

38	39	40
	41	42

图38－图42点析：

对称版面的视觉感觉均衡，是最常用的版式结构之一。设计时必须要有突出的视觉重心，才能"言之有物"而不杂乱。

十三、图文穿插式

将图片插入文字或将文字围绕图片编排。这在现在的电脑编排中是常用的形式。这种手法多用于宣传手册中，给人以生动融洽的感觉。（图 43～图 46）

图 43－图 46 点析：

图文穿插活泼有序，对应性强。要注意标题、图形对视觉流程的诱导性，做到变化中有秩序感；同时要注意图文的相关性和主次性。

43 | 44 | 45

46

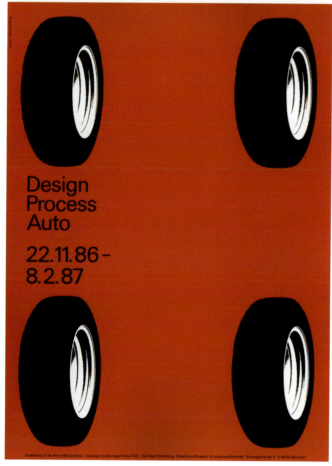

47
—
48

图 47— 图 48 点析：

　　严谨、规范的四角式构
图，是并置式的一种特殊形
式，简洁单纯、平稳祥和。
恰当运用变异手法或者辅助
元素会使版面不致过于呆板。

十四、四角式

　　在版面四角以及连接四角的对角线结构上编排的形式。这种结构的版面，给人
严谨、规范的感觉。（图47、图48）

十五、重心式

重心有三种概念：1．直接以独立而轮廓分明的形象占据版面中心。2．向心——视觉元素向版面中心聚拢的运动。3．离心——犹如将石子投入水中，产生一圈一圈向外扩散的弧线运动。重心型版式产生视觉焦点，使其强烈而突出。（图49～图53）

图49－图53点析：

往往具有一定的场景性和诱导性，重点突出、冲击力强。一般采用大小、导向及明度对比、纯度对比和色相对比等方式来设计。

49	50	
51	52	53

单元版式设计实例演示之二

版式设计的目的是为了传达意念、信息和视觉信息,有时甚至只是为了表达纯粹的美感。大多数设计作品的目的是为了宣传某种产品和某种服务,这其中最大的一个领域,同时也是能提供一个最宽广概念的领域就是广告。广告包含了海报、报纸杂志广告、宣传品,而宣传品还包括了招贴广告、销售点的陈列等,当然还有夺人眼球的电视和电影广告。

下面将介绍这些领域内的一些作品,并伴以一些成品,供同学们分析、判断其中的设计规则。这是对设计实作一的具体化和强调化,希望同学们认真地学习。

设计师的决定肯定是主观的。从来不存在一个对的或是错的设计决定,而只有一个适合于主题、令客户满意和满足设计师本身设计和判断的决定。对同一主题永

  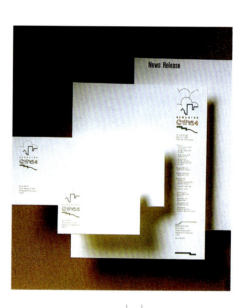

1 | 2 | 3

远都有其他不同的方案,这也解释了为什么设计师始终应该为同一个主题准备多个方案。建议大家可以制作一系列的方案,但是这些方案都应保持在相同高的水准上。

一、决定设计的大小和图形

当面对一个设计大纲时,通常它会包含设计师在设计时将要应用的媒体。如果能先了解设计的目的及其将要刊登的媒体,就比较保险了。因为对一些会影响最终作品形状和大小的元素都已经非常清楚了。

当然对于一些特殊项目的尺寸会有一些特别的规定。例如,如果在设计一幅海报时,设计师会很自然地考虑到它的张贴地点,以及是否有海报设计尺寸方面的专门规定。同样的道理也适用于其他广告的尺寸。例如,包装的设计必须能与其包装的产品恰好匹配,小册子与文笺的尺寸则应该能符合标准信封的大小,而书本的大小应该适合标准书架的尺寸。从上面这组实例中,我们就可以了解:在设计过程中,设计的尺寸是会受到一些基本条件的限制的。

设计的外形的限制条件就更多了。当然在创作的过程中会解决大部分问题。例如,如果希望在书本或是小册子中使用一种奇特的图形的话,就必须要非常巧妙地

安排、控制好中心区域的视觉。如果设计的是一本圆形的书，它可能是非常不切实际的。但是如果能适当地利用一些视觉工具，还是能够通过某种方式传达设计师的这一设计概念。也就是说，可以在图形中设计图形。另外，设计的外形还会受到一些成本因素的制约，制作异形图形和非传统图形的成本是相当昂贵的。同样，奇特的图形会造成不必要的纸张浪费，它的裁制也是一笔不小的开销。（图1～图3）

二、决定一个标题的位置

现在要开始分析实际图片的案例，检测并判断它们在设计过程中的作用。前面已经提过，从来没有一种正确的或是错误的设计，而只有一种能令人接受和发挥作用的设计。在这个案例中，设计者必须考虑设计主题或是产品的文化内涵、视觉感受以及公司希望表达的意思。在这幅海报中，可以看到凸版印刷的简单图片，它的风格模仿了古代日本印刷术中所体现的空间感和张力，从而取得了一种文化、风土和国家概念的和谐与统一。

很明显，有了这些好的视觉材料，标题就不需要占用太多的空间，因为图片本身就吸引人去了解更多的事物。这个具体的例子很好地控制了水平方向和竖直方向之间的张力以及由此产生的美感。

设计者有许多个不同的方案可供选择，其中不乏一些好的方案，它们采用了不同的表现手法来解决问题。而设计师是设计的决策人，要决定哪个才是解决问题的最佳方案。

4
5 | 6

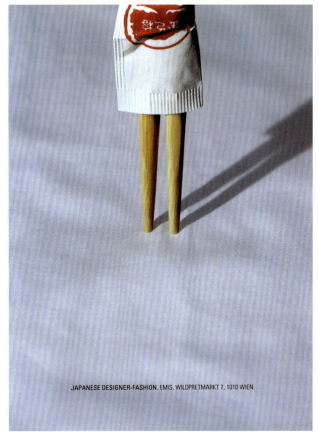

除了海报,这里还有一些其他的选择,可以对它们进行研究,并记下那些巧妙而富有美感的作品。同时决不要忽略了关键的因素:设计必须传递一种商业信息。(图4~图6)

三、决定两个标题的位置

当主要设计元素围绕着两个标题展开时,设计师需要确定哪一个标题需要占据更主要的位置。虽然,设计师希望创作最有趣和最有效的作品;但是标题主、次位置的决定也是十分重要的。

下一个需要考虑的问题是文字需要占据的空间,以及设计主题要体现的风格和展示的形象。通过对设计元素间不同的字体、尺寸和比重的比较,能在视觉上很好地平衡它们。我们可以先在脑海中尝试构成这些元素,当发现一个好的设计构思时,再把它绘制成草图并进一步创作发展。

观察这一页上的案例,可以看到设计者用了几个设计工具将文字的平衡分割开来。首先,最显著的变化就是字体,字体比重的变化强调了设计中的某一个特别的信息;其次,水平方向的直线起到了分隔两个标题的作用。在设计一个房屋的风格时,设计者有时会用这种手法统一元素来连接整个设计。

下一步就是如何发挥字体的作用。在设计空间中每个设计元素都应按照比例进行,这样在这些非常规则的图形周围就产生了一种自由和空旷的感觉。(图7~图9)

7

8
9

四、放置多个标题

如果需要表达的信息有主次之分，就会发现某种限制。首先，文字部分应该有多大?它在设计区域中应该占多大面积? 其次，在不破坏统一布局的前提下，怎么让设计中的元素凸显出来? 最后，怎样才能创造出一个设计，并使得这个设计拥有设计师所要表达的主题即某个产品或服务的感觉?

首先要做的决定是字母的大小和面积，这也将决定设计区域内还剩下多少空间。接下来可以试着练习使用一些其他的布局和排版方案。通过对色彩的巧妙运用，可以改变空间所产生的不同比重和感觉。当设计师对于主要设计区域内的字体感到满意时，就可以开始考虑一些别的元素了。在下面的海报中，较多的文字块分别布局于整个版面，设计者由于巧妙地运用了字体的粗细变化、颜色的对比以及结合图形有秩序地分布在版面中，形成图形与文字相互呼应，使整个版面显得和谐、明快。（图10、图11）

五、放置一个标题和一幅照片

如果要把一幅照片和一个新标题相结合，需要把照片和标题用某种方法统一起来。譬如说，标题可以描述图片中的元素，也可以强调照片的内容。在这儿，要寻求的是一种视觉上的平衡，它是连接文字和图片的纽带。当设计师想为展示这些元素而寻找一个最佳途径时，可能希望把标题放在独立于照片之外的空间中。另一方面，为了结合文字和图片，也可以把标题字母印在整个图形的顶部，或是把标题字母留白，凸显于设计平面中。这几页的图例用的就是不同的设计手法。为了多做练习，就要试着找一些有趣的图片，想出一两个标题，然后用前面提过的"覆盖法"练习并试验这些元素的不同位置。要探索各种不同的方法，并把图片和文字巧妙地、动静结合地相互连接起来。（图12～图14）

10|11

八、将标题放置在一个不规则的图形周围

在很多有创意的作品中都会结合一个绘画式图形和一个或多个标题。这个图形可以简单得像是一个抽象的符号，或很写实、很复杂，就像是一幅照片。无论这个绘画式元素是什么，在一开始，应该把它看成是一个实心的底片图形。设计师应该着眼这个无规则图形的外沿，并使用这个图形周围的区域来控制设计。图23～图25的案例中，标题文字通过颜色、字体效果的对比，巧妙地结合不规则图形的形状，合理有效地分布在图形的中心及周围，版面效果既融入整体且主体标题又突出醒目。

设计师希望从看到的任何图像中制作出规则的图形，只需要把它们看成是照片底片中的图形。然后，用示意图、照片、素描、版画或任何其他的方式来表达它们。重要的是，必须把它们安排在设计区域内，才能把设计者的正确信息呈现给读者；可以沿用传统的"结合"的方法，也可以完全"无视"传统。标题的位置和大

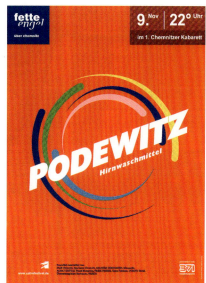

*Fette Engel über Chemnitz [Chubby Cherubs over Chemnitz] Susanne Strohbach
Ralf Wolfermann ⫶ Chemnitzer Kabarett e.V. ⫶ Baseg Digitaldruck — 42 x 59,4*

小对于图形有着相当大的影响力。（图 23～图 25）

九、将标题、文章和长方形的图形放在一起

现在面临的问题是需要在设计区域中分别放置一个长方形、一个或多个标题和正文。设计师应该仔细地判断哪些元素需要占据最重要、最突出的空间。在设计中，某些元素的突出性可能会受到限制。例如，正文的篇幅比较大，所以必须要有较大的设计空间和较大的字体才能让受众看清楚文章。另一方面，设计师所要传达的信息可能有很强的视觉感，文章的标题就成为了次要元素。最后，可以在正文和长方形之间取得一个相应的平衡。一般情况下，这个长方形会是一张照片，但有时它也可以是任何其他形式的图片。

有很多方法可以用来平衡这些元素。其一，将设计区域三等分，用三分之一做图片，三分之二做正文，或反其道而行之；其二，通过使用格子工具把文章做成竖栏式，并在这个正规的布局中运用各式各样的长方形。很多报纸的广告会占据整整两个基本页面，其中一页用来传达视觉信息，而标题和文章则放置在另一页上；也可以用很多有趣的公式变换出魔术般的效果，但是要让条理、张力、甚至色彩来决定设计区域的视觉重点。制作不同的设计方案，让自己具有创作力的眼睛来评估和判断它们的效果。（图26～图32）

十、在多个不规则图形周围混合标题和文章

在混用规则和不规则的图形中，会产生很多令人兴奋的方案，在这时候，你可以让动感十足的图形来打破固定设计区域的局限。第一个问题是在设计区域内为标题和正文选择不同的方案。一旦你确信能建立一个很好的结构，就可以开始让一些不规则但非常有动感的图形打破设计区域内的对称。你现在作出的决定会影响你希望创造的形象和它同设计大纲的相关性。

这个设计方法非常有用，否则这些信息会以一种平淡无奇、毫无创意的方式传达出来。现在所要做的就是培养设计师的

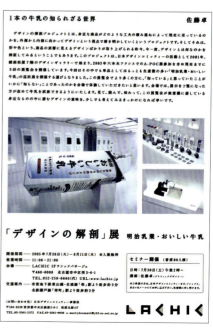

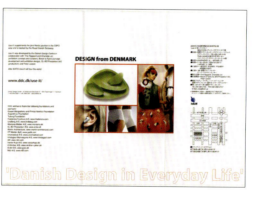

| 26 |
| 27 | 28 | 29 |
| 30 | 31 | 32 |

视觉能力,在本来平淡无奇的设计中引入有动感的视觉停顿。这些图形的本身其实是非常有序的休止符,同时又支持了文章的内容。

最后在将不规则图形和文章结合起来时,会产生一些技术上的问题。因为正文的布局和长度要和不规则图形的底片边缘相匹配。为了探索解决这些问题的方法,学习者可以找一本印着一些竖栏文章和一些外形有趣的示意图的杂志。先不要看文章的内容,沿着示意图剪下文字部分,观察这些元素所产生的直线。

围在图形周边的文字就叫做"围边文字"。可以自己试试不同的方案。(图33~图35)

十一、将标题、文章和示意图、照片混合起来

要取得照片和示意图之间的平衡会遇到一些技术上的限制。一幅照片可能需要放置在其规则图形的空间内,而示意图则不必受到这个限制。设计师需要考虑的重要问题是避免这些元素对设计造成一种杂乱和不自然的影响。当设计师所用的照片是长方形时,就需要一个规则的结构布局。尽管如此,示意图(甚至是活版印制的)却能被看成是不规则的图形,而且应该使用这些多变的元素来制造更有趣的图案。例如,可以把照片放置在设计区域内的任何位置,接着,可以绘制一些竖栏,用来代表文章。用一个较重的模具,按照一些有趣的格式,把它们弄成随意和不规则的图案,这就是制作示意图的基本原理。

这时,设计师可能希望把色彩运用到设计中来。照片本身往往是彩色的,但是为什么不试试把它重新加工成单色的基调呢?照片和示意图之间存在着张力与和谐,要调节这种张力与和谐,并取得平衡。有的时候,需要通过对色彩的控制和协调来突出文章。但是不要在正文中过分地使用色彩,因为这么做会把文章打乱并使其脱节而引起整个设计的失衡。可以用文章中的黑色来调整和平衡其他元素中使用的色彩,使整个设计的色彩有层次感。(图36~图39)

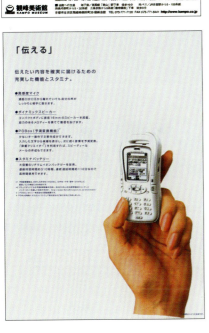

十二、选择合用的字体

　　为设计选择字体时，需要仔细地考虑究竟想让这种字体传达什么讯息。要理解这一点，可以先做一个对比。比较的一方是一种怀旧的设计或是一种老式的产品和概念，当然设计中的字体也是怀旧的，传达着一种惬意的、好整以暇的感觉。比较的另一方是一种现代的甚至是高科技的设计，而其中的字体全无雕饰，呈现出的是一种严谨而专业的风格。

　　有一点很重要，就是字体永远也不会过时，但又不断会有新的字体产生。尽管如此，各种字体之间还是会有很明晰的界限和不同的风格，尤其是在出版界，如今许多古旧的字体都被赋予了新的生命而摇身一变成为了当前颇为流行的风格。同时，一种新发明的字体可能也会很快地流行起来。大家可以去各杂志和图片中观察一下，那些被人们使用得最多的字体就是当今的潮流。如果想在同一个设计中混用不同风格的字体，那么还必须牢记，字体的风格和文章所传达的主题的性质也应该是一致的。只有在不断的实验和不断的视觉比较中，才能让这些字体和谐地结合起来为主题服务。（图40～图44）

十三、决定合适的颜色

几乎每一个设计项目中都会用到色彩。设计师要非常谨慎地考虑所选用的色彩，它可能会成为影响传达主题手法的主要因素。要记住，并不是每一种颜色都适合于所有设计或是产品的主题。例如，人们常用绿色、蓝色等冷而淡的色调来涂饰浴室的盥洗用品和用具；而较暖的褐色系一方面则可以表达夏天的主题，另一方面又有皮革的古典质感；香水的广告和包装往往会使用一些中性色调的组合并伴以黑色和金色，通过使用这种天然材质的色彩能给人一种昂贵的金属和抛光的黑檀木的感觉。但在宣传和销售一种机械工具的时候，粉色系的色彩则不是一种明智之举。（图45~图50）

十四、用颜色营造氛围

设计者还能通过各种色彩的运用，来传达一种情绪或情感。例如，一个季节就可以通过色彩的运用来表达。同时，设计者还能通过色彩和感性的联系，来表达新鲜、和谐或是冷淡的、不和谐的感觉。大艺术家如毕加索就曾经大量地练习使用各种色彩。他著名的情绪化画作都是在他颇为忧郁的时期创作的。

40	
41	43
42	44

所有的艺术家都会在某一个阶段用多种色彩来表达自己的情绪。而作为一个设计者，其任务就是在需要的时候去寻觅、发现并利用色彩本身的力量或色彩与形象的结合体来表达动静结合的情绪。

广告业充分运用了色彩效果的潜意识。例如，我们经常会见到被太阳晒成古铜色的身体和贫血似的身材的比较，丰富的古铜色很快就会唤起人们对健康的感觉，同时也唤起人们把健康和所要推介的产品联系起来。设计者在选择食品类作品的色彩时，更是小心翼翼地用色彩来勾起人们对该产品的欲望。

另一个重要的因素是对浪漫感觉的追求。设计师可以有意地在设计作品中用柔和、优雅和粉色的色彩来实现这种追求，就像在印象派作品中常见的那样。另一方面，因为现代的技术往往要求的是一种专业的感觉，所以设计师常以一种最简约的、不掺任何杂质的手法来用色，以此传达一种清爽、干练和目的明确的情绪。

　　显然,所选用色彩的数量将会受到许多因素的左右,设计中各元素间的平衡也需要好好把握。所以设计师的注意力必须始终集中在图形、字体、比例、色彩、风格,以及形象的选择和情绪上。要记住,所有这些元素之间都是相辅相成的。只要认真地思考并对待它们,它们就能帮助设计师取得设计作品的成功。(图51～图55)

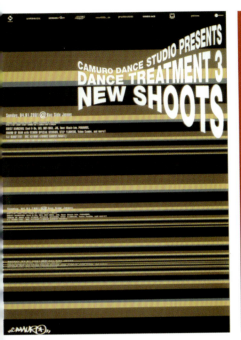

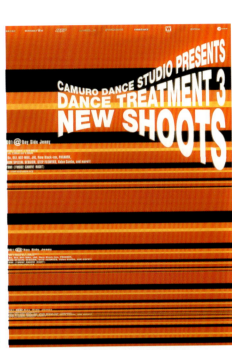

51	52	53
	54	55

单 元 教 学 导 引

教学目标与教学要求	本单元教学应使学生能了解并掌握版式设计的基本类型和各种类型大致的应用范畴，并能在设计实践中灵活运用。教学中注重设计理论与实践相结合；逐步走出模仿的作业方式，设计实践中注重创新能力的培养；学生作业尽可能多地以命题形式来训练。
重点与注意事项提示	1．理解各种类型的基本概念，重点注重对各种类型延伸概念的讲解与练习，尽可能多地分析范例，以帮助学生理解和掌握内容； 　　2．本单元教学的重中之重是设计实践，要求以大量作业来巩固新学知识； 　　3．分类讲解、综合练习是本单元教学的基本思路。
小结要点	1．版式设计各种基本类型的概念和基本版式结构； 　　2．各种类型的视觉效果及心理效应； 　　3．实例练习二：有针对性的做版式练习。

　　本单元作业：

　　题目与要求：本单元作业设置以"实例二"为蓝本，针对版式设计的类型和结构做综合性训练。作业要求有主题和创意，要言之有物，可用海报版式、书籍版式、型录版式等形式。由任课教师做具体的题目要求。

　　训练目的：掌握版式设计的类型与结构，并结合以前的内容，做针对性训练，把理论与实践紧密结合起来，培养学生的动手能力。

后记

历时近两年，终于完成了本教程的编写工作。长舒一口气的同时，心下却更加惴惴不安——万一有什么失误之处，贻笑大方事小，误人子弟事大！唯有更加勤勤恳恳、努力钻研，以期提高，同时诚请广大读者批评指正。

本教程是我这十几年在版式设计教学中的一个总结。特别是近几年来，近距离地接触欧洲设计教育后，我的教学思想、教学方法有了一个较大的变革。在教学中坚持审美教育与技能教育并重，并一直保持和设计实践的紧密联系，从学生们的作业与设计实践的反映来看，取得了较好的效果。但社会是发展的，设计教育亦然。这本教程是否能取得同行认可，还得靠时间去检验。

本书在编写过程中得到李巍教授、沈渝德教授、王正端老师的悉心指导与大力支持，德国著名设计教育家盖尔哈特·马蒂亚斯教授为我提供了大量优秀的图例，谨在此向他们表示衷心的感谢；同时，也得到许多青年教师和同学的帮助，在此一并向他们表示诚挚的谢意。

如前所述，版式设计教学是随时代发展的。我十分愿意和同行们共同探讨、共同进步、共同发展。愿与同行们一起把版式设计的教与学做得更好，更符合现代高职教育的特点。

曾　强
2006 年 8 月

主要参考文献：

杨敏、杨奕著　版式设计　西南师范大学出版社　1998 年
王汀著　版面构成　广东人民出版社　2000 年
刘宗红、王芳著　版面设计　安徽美术出版社　2004 年
ALAN SWANN 著　陆慧旬译　版面设计基本原理　万里机构·万里书店　1993 年